国家出版基金项目
"十四五"时期国家重点出版物出版专项规划项目

川藏铁路拉林段·重大工程地质问题研究

雅鲁藏布江缝合带断裂活动性及区域水文地质与水热活动研究

蒋良文　总主编
张广泽　张永双　李　晓　等　著

中国铁道出版社有限公司
CHINA RAILWAY PUBLISHING HOUSE CO., LTD.

北　京

内 容 简 介

本书为"川藏铁路拉林段·重大工程地质问题研究"之分册。本书系统论述了区域活动断裂与水热活动的形成与发展演化机理,研究了活动断裂调查与鉴定、地震活动性、活动断裂的工程影响评价的技术体系,水热发育特征、水化学及同位素特征、水热活动成因、水热红外遥感解译及对工程影响评价的技术体系,以及雅鲁藏布江缝合带构造区域的活动断裂、水热活动对铁路工程的影响等。

本书可供铁道工程地质、水文地质领域的科研人员、设计人员、工程技术人员参考,也可作为高等院校工程地质、水文地质及铁路工程等专业研究生和高年级本科生的学习参考书。

图书在版编目(CIP)数据

雅鲁藏布江缝合带断裂活动性及区域水文地质与水热活动研究/张广泽等著. —北京:中国铁道出版社有限公司,2023.12
(川藏铁路拉林段·重大工程地质问题研究)
"十四五"时期国家重点出版物出版专项规划项目
ISBN 978-7-113-30849-0

Ⅰ.①雅… Ⅱ.①张… Ⅲ.①雅鲁藏布江-地缝合线-断层运动-研究②雅鲁藏布江-流域-区域水文学-研究 Ⅳ.①P542②P344.275

中国国家版本馆 CIP 数据核字(2023)第 231955 号

书　　名:	雅鲁藏布江缝合带断裂活动性及区域水文地质与水热活动研究
作　　者:	张广泽　张永双　李　晓　等

策　　划:	张卫晓		
责任编辑:	梁　雪	编辑部电话:(010)51873193	电子邮箱:zhxiao23@163.com
封面设计:	崔丽芳		
责任校对:	刘　畅		
责任印制:	樊启鹏		

出版发行:中国铁道出版社有限公司(100054,北京市西城区右安门西街 8 号)
网　　址:http://www.tdpress.com
印　　刷:北京联兴盛业印刷股份有限公司
版　　次:2023 年 12 月第 1 版　2023 年 12 月第 1 次印刷
开　　本:787 mm×1 092 mm　1/16　印张:15　字数:287 千
书　　号:ISBN 978-7-113-30849-0
定　　价:135.00 元

版权所有　侵权必究

凡购买铁道版图书,如有印制质量问题,请与本社读者服务部联系调换。电话:(010)51873174
打击盗版举报电话:(010)63549461

编委会

主　　任： 蒋良文

主　　编： 张广泽　张永双　李　晓
副 主 编： 徐正宣　杨俊峰　强新刚　王　栋
编　　委： 张　敏　毛邦燕　蒋良文　易勇进　杨红兵
　　　　　　 杨　菊　刘扬民　杨　曾　袁　甲　沈啸轩
　　　　　　 吴中海　熊探宇　叶培盛　杨为民　姚　鑫
　　　　　　 郭长宝　胡道功　张春山　刘　健　谭成轩
　　　　　　 石菊松　宋　凯　刘　昭　阙艳玲　左　蔚
　　　　　　 王建林　曾　敏　李生红　高志永　洪大明
　　　　　　 舒勤峰　杨在文　付　梅　王美芳　崔希林
　　　　　　 江扬波　程艳茹　周梅竹　章　旭　华兴国

参编单位： 中铁二院工程集团有限责任公司
　　　　　　 中国地质科学院地质力学研究所
　　　　　　 成都理工大学
　　　　　　 中铁五局第一工程有限责任公司

序

　　川藏铁路是世纪性战略工程。川藏铁路拉林段绵亘于青藏高原冈底斯山与喜马拉雅山之间的藏东南谷地,90%以上的线路在海拔3 000 m以上,16次跨越雅鲁藏布江,沿线山高谷深,相对高差达2 500 m。线路整体位于印度洋板块和欧亚板块碰撞形成的雅鲁藏布江缝合带构造单元,是世界地壳运动最强烈的地区之一。拉林铁路建设面临显著的地形高差、强烈的板块活动、频发的地质灾害、敏感的生态环境、恶劣的气候条件、薄弱的基础设施六大环境特征,修建难度之大世所罕见。由此带来了工程建设环境极其恶劣、铁路长大坡度前所未有、超长深埋隧道最为集中、山地灾害防范任务艰巨、生态环境保护责任重大五大技术难题。拉林铁路东端连接规划建设中的川藏、滇藏铁路,可通往西南及东中部地区,向北、向西连接青藏铁路和规划的新藏铁路,可通往青海、新疆等地,是西藏对外运输通道的重要组成部分。拉林铁路的建成通车具有重大的现实意义和深远的历史意义。

　　川藏铁路拉林段西起西藏自治区拉萨市,经贡嘎、扎囊、山南、桑日、加查、朗县、米林,东止于林芝市区。工程前期调查研究和选线所面临的工程地质、选线和生态等难题,国内外无经验可借鉴和参考,也正是因为复杂的地形、地质、气候、生态等因素,工程地质对线路走向起决定性作用,严重影响铁路建设的成本、工期、安全和运营等。众多一线工程地质专家,对各种方案一一进行精心的踏勘、调查、研究、分析、论证与研判,最终为川藏铁路确定科学的建设方案。2021年6月25日,拉林铁路的开通运营,标志着工程地质选线的成功,也标志着工程地质专家多年的辛苦工作获得圆满成功,为拉林铁路确定的建设方案是科学的、正确的。

　　"川藏铁路拉林段·重大工程地质问题研究"丛书分为《雅鲁藏布江缝合带工程地质特征及对铁路工程的影响研究》《川藏铁路拉林段沿线地质灾害分布特征与发育规律研究》《雅鲁藏布江缝合带断裂活动性及区域水文地质与水热活动研究》《雅鲁藏布江缝合带地区泥石流发育特征研究》四册。该丛书系统总结了拉林铁路勘察设计经验和科研成果,全面阐述了川藏铁路拉林段勘察设计选线过程中的典型工程地质问题,以及开展的系列调查、鉴定、分析、研究及评价成套技术思路,内容涵盖拉林铁路沿线地理环境和地质、岩石建造、地质构造、地貌与新构造运动、地质灾害(地震、滑坡、崩塌、泥石流、风沙、高地应力及高地温)等。丛书专业性强,具有一定的学术价值,对类似工程建设具有指导意义和参考价值。

"川藏铁路拉林段·重大工程地质问题研究"丛书,再现了前期现场调查资料、科研成果、宝贵现场图片和试验数据,并有新的论述;丛书理论联系实际,内容全面、系统、完整,论述深入浅出。丛书展现了铁路工程地质领域的最新发展,致力推动我国铁路建设技术新发展,是对我国铁路勘察技术体系的补充和完善,使我国铁路建设领域又占领了一个新的制高点,有力地支撑了铁路"走出去"和"一带一路"倡议。

听闻该丛书即将出版,感到由衷高兴,相信工程地质领域专家和铁路建设者都能从书中得到启示和借鉴,并有所获益。

特此欣然作序!

2021年7月27号

目 录

上篇 断裂活动性及对铁路工程的影响研究

1 研究区地质概况 ··· 3
1.1 自然地理 ··· 3
1.1.1 铁路沿线地形地貌特征 ··· 3
1.1.2 气候条件 ·· 5
1.1.3 水文条件 ·· 5
1.2 区域地质构造 ·· 6
1.2.1 大地构造位置 ··· 6
1.2.2 区域地质构造演化概述 ··· 7
1.2.3 研究区构造节理统计与分析 ·· 9
1.3 地层岩性 ·· 11
1.3.1 前第四纪地层岩性特征 ·· 12
1.3.2 第四纪地层特征 ··· 14
1.4 第四纪地质与新构造运动特征 ·· 14
1.4.1 河流阶地发育特征 ·· 14
1.4.2 夷平面发育特征 ··· 17
1.4.3 研究区新构造运动特征 ··· 20

2 主要活动断裂调查与鉴定 ··· 22
2.1 青藏高原活动断裂的基本特征 ·· 22
2.2 近东西向断裂活动性鉴定 ··· 28
2.2.1 雅鲁藏布江断裂带(F_1) ··· 28
2.2.2 贡多顶断裂(F_8) ··· 33
2.3 近南北向活动断裂鉴定 ·· 35
2.3.1 沃卡—罗布莎地堑的边界断裂带(F_5) ····························· 35
2.3.2 邱多江地堑的边界断裂带(F_6) ·· 45
2.3.3 够屋断裂(F_7) ··· 53
2.3.4 下觉断裂(F_{11}) ··· 54
2.3.5 进巴断裂(F_{12}) ··· 54

2.3.6 腔达断裂（F_{13}） 57
2.4 北东向和北西向活动断裂鉴定 57
2.4.1 明则断裂（F_2） 57
2.4.2 吓嘎断裂（F_3） 59
2.4.3 正嘎断裂（F_4） 60
2.4.4 真多顶断裂（F_9） 62
2.4.5 力底断裂（F_{14}） 62
2.4.6 普下—江雄断裂（F_{17}） 63
2.4.7 达希—大莫谷热断裂（F_{19}） 64
2.4.8 沙丁断裂（F_{10}） 65
2.4.9 啊扎—热志岗断裂（F_{18}） 65

3 地震活动性研究 67
3.1 地震活动特点 67
3.2 地震区、带的划分 71
3.2.1 喜马拉雅山前地震密集带 71
3.2.2 墨竹工卡—工布江达地震密集带 72
3.2.3 亚东—谷露地震密集带 72
3.2.4 错那—沃卡地震密集带 73
3.3 潜在震源区的划分 73
3.3.1 地震构造标志的确定 73
3.3.2 潜在震源区的划分方法 74
3.3.3 潜在震源区震级上限的确定方法 74
3.3.4 铁路沿线潜在震源区的划分 75

4 活动断裂的工程影响评价 79
4.1 活动断裂对铁路建设的影响 79
4.2 线路方案比选及线路优化问题 80
4.2.1 地形地貌 80
4.2.2 地层岩性 80
4.2.3 地质构造 81
4.2.4 地震活动 81
4.2.5 地质灾害 82
4.3 结论和建议 82

参考文献 84

下篇 区域水文地质与水热活动研究

5 区域地下热水发育的地质背景 …… 87
5.1 线路区域自然地理概况 …… 87
5.1.1 地形地貌 …… 87
5.1.2 气象与水文概况 …… 87
5.2 地层岩性 …… 92
5.3 大地构造分区和区域地质构造 …… 95
5.3.1 大地构造分区 …… 95
5.3.2 区域地质构造及演化 …… 97
5.3.3 断裂构造分布特征 …… 102

6 区域水文地质条件 …… 108
6.1 区域水文地质条件 …… 108
6.1.1 区域地下水类型 …… 108
6.1.2 地下水补、径、排条件 …… 109
6.2 区域岩溶发育特征 …… 110
6.2.1 可溶岩的分布特征 …… 110
6.2.2 岩溶发育特征 …… 112
6.2.3 岩溶发育控制因素分析 …… 113
6.3 区域地层富水性评价 …… 116
6.3.1 水文特征 …… 116
6.3.2 地层富水性评价 …… 121
6.4 区域冷泉水发育和分布特征 …… 125

7 地下热水发育和分布特征 …… 141
7.1 区域地热活动与分布 …… 141
7.1.1 西藏地热活动特征 …… 141
7.1.2 地热活动相关因素 …… 144
7.1.3 西藏地区热流值分布特征 …… 144
7.2 西藏南部地下热水分布特征 …… 146
7.3 拉萨—林芝段区域地下热水分布特征 …… 146
7.3.1 拉萨—林芝段温泉分布特征 …… 146

  7.3.2 拉萨—林芝段温泉出露带与构造的关系 …………………………… 149

8 热水水化学及同位素特征 ……………………………………………………… 151
8.1 水样采集与分析 ………………………………………………………… 151
8.2 冷水水化学组分基本特征 ……………………………………………… 151
  8.2.1 雅鲁藏布江江水水化学特征 …………………………………… 151
  8.2.2 溪水水化学特征 ………………………………………………… 154
  8.2.3 冷泉水、井水水化学特征 ……………………………………… 155
8.3 温泉样水化学组分基本特征 …………………………………………… 155
8.4 微量化学组分基本特征 ………………………………………………… 158
8.5 温泉水水质变化特征 …………………………………………………… 160
  8.5.1 热泉水化学组分随时间变化 …………………………………… 161
  8.5.2 温泉水化学组分与其他数据相关性分析 ……………………… 161
8.6 温泉热储温度计算 ……………………………………………………… 164
8.7 离子间相关性分析 ……………………………………………………… 165
8.8 温泉稳定同位素组成特征 ……………………………………………… 168

9 拉萨—林芝段地下热水成因 …………………………………………………… 174
9.1 沃卡温泉成因分析 ……………………………………………………… 174
  9.1.1 区域地质概况 …………………………………………………… 174
  9.1.2 区域水文地质条件 ……………………………………………… 175
  9.1.3 水文地球化学特征 ……………………………………………… 175
  9.1.4 成因分析 ………………………………………………………… 180
9.2 日多温泉成因分析 ……………………………………………………… 182
  9.2.1 区域地质概况 …………………………………………………… 184
  9.2.2 区域水文地质条件 ……………………………………………… 185
  9.2.3 水文地球化学特征 ……………………………………………… 185
  9.2.4 成因分析 ………………………………………………………… 188
9.3 地下热源分析 …………………………………………………………… 189

10 拉萨—林芝段热红外遥感解译 ……………………………………………… 190
10.1 数据源分析 …………………………………………………………… 190
10.2 热红外遥感的基础理论 ……………………………………………… 191
  10.2.1 温度反演的基础理论 ………………………………………… 191
  10.2.2 相关的基本概念 ……………………………………………… 192

  10.2.3 地表温度反演的研究技术路线 ……………………………………… 193
 10.3 沃卡温泉的热红外遥感解译 …………………………………………………… 193
 10.4 遥感解译的初步结论 …………………………………………………………… 194

11 地热异常区对隧道工程影响 …………………………………………………………… 196
 11.1 拉隆隧道 ………………………………………………………………………… 196
  11.1.1 地质概况 ………………………………………………………………… 196
  11.1.2 拉隆隧道水文地质条件 ………………………………………………… 196
  11.1.3 隧道主要水文地质及环境问题的影响分析 …………………………… 197
 11.2 桑日隧道 ………………………………………………………………………… 199
  11.2.1 地质概况 ………………………………………………………………… 199
  11.2.2 桑日隧道水文地质条件 ………………………………………………… 200
  11.2.3 隧道涌突水预测分析 …………………………………………………… 201

12 拉萨—林芝段对地下水有影响的隧道分析 …………………………………………… 204
 12.1 里龙隧道 ………………………………………………………………………… 204
  12.1.1 里龙隧道地质条件 ……………………………………………………… 204
  12.1.2 里龙隧道水文地质条件 ………………………………………………… 205
  12.1.3 里龙隧道主要水文地质问题分析 ……………………………………… 205
 12.2 王日阿隧道 ……………………………………………………………………… 207
  12.2.1 王日阿隧道地质条件 …………………………………………………… 207
  12.2.2 王日阿隧道水文地质条件 ……………………………………………… 208
  12.2.3 王日阿隧道主要水文地质及环境问题分析 …………………………… 209
 12.3 布当拉隧道主要水文地质问题 ………………………………………………… 212
  12.3.1 布当拉隧道地质条件 …………………………………………………… 212
  12.3.2 布当拉隧道水文地质条件 ……………………………………………… 212
  12.3.3 布当拉隧道主要水文地质问题分析 …………………………………… 213
 12.4 吾相拉岗隧道主要水文地质问题 ……………………………………………… 214
  12.4.1 吾相拉岗隧道地质条件 ………………………………………………… 214
  12.4.2 吾相拉岗隧道水文地质条件 …………………………………………… 215
  12.4.3 吾相拉岗隧道主要水文地质问题分析 ………………………………… 217

13 结论与建议 ……………………………………………………………………………… 219
 13.1 区域水文地质研究的主要认识 ………………………………………………… 219
 13.2 热水分布和成因 ………………………………………………………………… 220
 13.3 地热异常对线路选择和隧道的影响 …………………………………………… 221

参考文献 ………………………………………………………………………………………… 223

上篇

断裂活动性及对铁路工程的影响研究

  青藏高原是现今最为活跃的陆陆碰撞造山带,其中发育众多规模、性质不同的活动断裂带,相关的地震活动具有强度大、频度高的特点。因此,活动断裂与其诱发大地震及相关地质灾害问题必将是影响工程稳定性及未来铁路安全运行的重要因素之一。特别是青藏高原腹地的川藏铁路拉林段,该区现今地壳变形十分强烈、地震活动频繁,地质条件十分复杂,铁路工程建设在很大程度上受到新构造运动、活动断裂及内外动力耦合作用所产生的各类地质灾害的制约。

  本篇结合铁路工程建设特点,在充分搜集和分析已有的区域地质、构造地质、工程地质、环境地质、矿产地质和灾害地质资料的基础上,以遥感解译和野外综合调查为主要手段,在前人确定的活动断裂的基础上,调查区内相关活动断裂的空间展布以及第四纪地质和地貌特征,对关键部位进行探槽开挖和取样测试工作。具体内容包括：

1. 新构造活动特征调查与研究

通过第四纪地质调查（河流阶地、湖湘沉积、冰川堆积物、典型第四纪地貌等），综合分析研究区第四纪以来的新构造运动特点，为活动断裂判别奠定基础。

2. 拉林铁路沿线活动断裂调查与鉴定

在青藏高原腹地拉萨至林芝及其邻区的活动构造格局调查的基础上，查明铁路沿线（两侧 5 km 范围内）主要活动断裂带与控震断裂带或与构造带的分布，阐明主要活动断裂带的活动方式、活动强度、古地震活动特点和未来大地震危险性等。

3. 活动断裂工程影响评价

根据活动断裂调查鉴定成果，结合铁路工程特点，综合分析影响未来工程稳定性的主要问题，综合评价主要活动断裂带潜在的工程影响，为铁路工程选线和设计提供科学的决策依据。

1 研究区地质概况

1.1 自然地理

1.1.1 铁路沿线地形地貌特征

拉林铁路总体位于青藏高原南部,属高原河谷地貌,其总体特征为西北高、东南低,高山与谷地相间(图1.1)。根据铁路走向,自西向东将铁路沿线地貌特征分段阐述如下:

1. 拉萨—贡嘎段(山区、宽谷区)

拉萨—贡嘎段又可细分为拉萨—曲水段和曲水—贡嘎段。其中,拉萨—曲水段流经的河流为拉萨河,流向总体为南西向,河谷宽2.0~5.0 km,河谷海拔由3 650 m降至3 590 m,河谷两侧山体海拔主要为3 800~4 200 m。曲水—贡嘎段流经的河流为雅鲁藏布江,流向自西向东,河谷宽3.0~5.0 km,河谷海拔由3 590 m降至3 570 m,河谷两侧山体海拔主要为3 800~4 000 m。拉林铁路线路在该段主要沿拉萨河东岸布设,以隧道形式穿越贡嘎北(雅鲁藏布江北岸),之后以桥梁形式横跨雅鲁藏布江至贡嘎。

2. 贡嘎—桑日段(宽谷区)

贡嘎—桑日段,雅鲁藏布江河谷宽1.2~5.3 km,自西向东变窄。河谷海拔由3 590 m降至3 540 m,河谷两侧山体海拔为3 800~4 800 m,越往西地形起伏越大。线路主要沿雅鲁藏布江南岸布设,在桑日县城南以桥梁形式跨越雅鲁藏布江至北岸。

3. 桑日—甲格段(峡谷曲流区)

桑日—甲格段,雅鲁藏布江河谷最宽处约1.2 km,最窄处不足100 m,河谷海拔由3 540 m降至2 990 m,河流切割深度逾2 000 m。该段雅鲁藏布江形态为显著的曲流。线路主要穿越雅鲁藏布江北岸山体,部分以桥梁形式穿越雅鲁藏布江。

4. 甲格—米林段(窄谷区)

甲格—米林段,雅鲁藏布江河谷最宽处约1.9 km,最窄处约600 m,其中以1 km左右宽最为常见。河谷海拔由2 990 m降至2 930 m,河谷形态亦以曲流为主。两侧山体海拔主要为3 300~4 000 m,地形起伏相对较小。推荐线路主要沿雅鲁藏布江北岸布设,局部以桥梁形式穿越雅鲁藏布江。

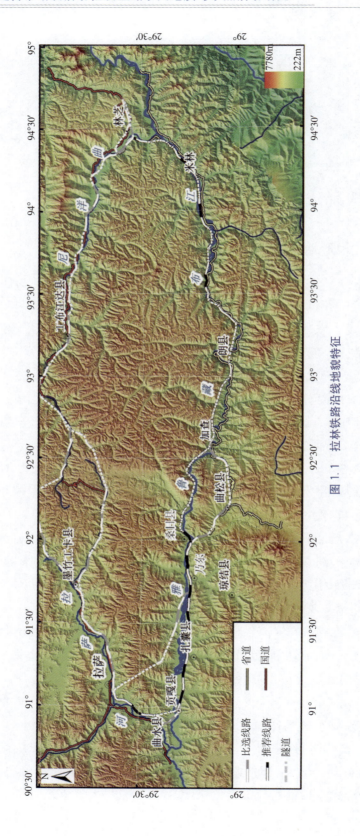

图 1.1 拉林铁路沿线地貌特征

5. 米林—林芝段(宽谷区)

米林—林芝段可细分为米林—嘎玛段和嘎玛—林芝段。米林—嘎玛段流经的河流为雅鲁藏布江,流向为北东向,河谷宽 2~3 km,大部分地段宽 2 km 左右。嘎玛—林芝段系尼洋河流经处,河谷宽多为 2.5 km 左右。总体而言,米林—林芝段总体为宽谷区,地形起伏相对较小。推荐线路主要沿雅鲁藏布江北岸布设,在嘎玛北沿尼洋河西岸布设。

1.1.2 气候条件

研究区(图 1.2)地形复杂,高差悬殊,气候类型复杂。其中,拉萨—加查属温带半干旱高原季风气候;加查—林芝属温带湿润高原气候。总体而言,西部高原的气候特点是辐射强烈,日照多,气温低,积温少,气温随高度和纬度的升高而降低,日较差大,干湿分明,多夜雨;冬季干冷漫长,大风多,夏季湿凉多雨。

1.1.3 水文条件

拉林铁路沿线主要水系为雅鲁藏布江、拉萨河以及尼洋河,其中拉萨河和尼洋河属雅鲁藏布江一级支流。

1. 雅鲁藏布江

雅鲁藏布江属恒河流域,发源于西藏日喀则地区与阿里地区之间喜马拉雅山北麓的杰马央宗冰川,横贯西藏南部。在东经约 95°附近,突然拐弯向南,经巴昔卡流入印度界内,改称布拉马普特拉河,最后在孟加拉国与恒河汇合后,流入印度洋孟加拉湾。雅鲁藏布江北部和东部以冈底斯山、念青唐古拉山为界,南部以喜马拉雅山、拉轨岗日为界,长 2 057 km,流域面积 240 480 km^2,多年平均流量 4 425 m^3/s。

研究区内雅鲁藏布江主要流经曲水、桑日、朗县、米林、林芝等,总体流向东,主流河床平均坡降为 1.47‰。雅鲁藏布江河谷宽谷、窄谷及峡谷相间,其中宽谷段比降较小,水流较缓,河道多分汊,河流阶地发育;峡谷段比降大,水流湍急,河道单一。

2. 拉萨河

拉萨河发源于念青唐古拉山中段北麓的嘉黎县麦地卡以东,流经墨竹工卡、拉萨、曲水,汇入雅鲁藏布江,总体流向为南西向。拉萨河全长 530 km,总落差 1 451 m,平均坡降 2.91‰,流域面积 32 471 km^2,河口多年平均流量 320 m^3/s,中、下游河段为宽谷。

3. 尼洋河

尼洋河发源于西藏自治区米拉山西侧的错木梁拉,自西向东流经工布江达、林芝,而后向南汇入雅鲁藏布江。尼洋河长约 309 km,总落差 2 290 m,平均坡降 7.41‰,流域面积 17 535 km^2,河口多年平均流量 584 m^3/s,中、下游河段为宽谷。

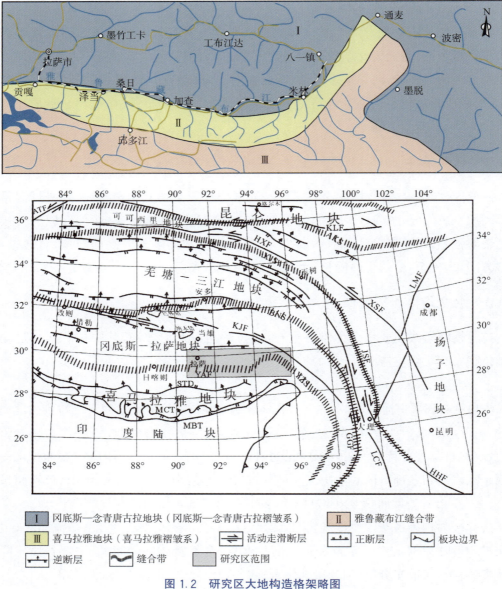

图1.2 研究区大地构造格架略图

1.2 区域地质构造

1.2.1 大地构造位置

按照板块构造观点,研究区位于青藏高原冈底斯—拉萨地块、喜马拉雅地块及二者之间的雅鲁藏布江缝合带,如图1.2所示。冈底斯—拉萨地块由一系列彼此平行展布的断裂带与线性褶皱组成,其主构造线自东向西由北北西或北西向渐转为北西西或东西向,断裂带规模巨大,断裂带宽度一般都在100 m以上。喜马拉雅地块位于雅鲁藏布江深大断裂以南，由一系列东西向展布的断裂和褶皱组成。

1.2.2 区域地质构造演化概述

研究区位于青藏高原南部，区域地质构造特征与青藏高原的地质构造演化息息相关。青藏高原自早古生代以来，经历了多期特提斯古大洋板块俯冲和区域构造运动，产生多期强烈的构造变形、岩浆侵入、火山喷发和区域变质事件，形成了五条总体呈近东西向、向东南转为北北西—近南北向展布、规模巨大的板块缝合带。

青藏地区不同时期各构造块体的地质发展历史、古构造环境转换与不同时期特提斯古大洋板块的扩展、俯冲、拼合存在动力学成因联系，如图1.3所示。根据前人资料（吴珍汉等，2004年），早古生代，原特提斯古大洋板块沿昆仑山缝合带发生俯冲消减事件，在昆仑山地区形成绿片岩相—角闪岩相区域变质作用与广泛的花岗质岩浆侵位活动。晚古生代，古特提斯古大洋板块的俯冲消减导致昆仑山及邻区海西期中酸性岩浆侵位和古生代地层的区域变质作用，形成大型韧性剪切带和近东西向紧闭褶曲、片理化带和劈理化带。晚二叠世~三叠纪，由于古特提斯古大洋板块的俯冲消减，形成可可西里—金沙江缝合带，在双湖—龙木错地区、可可西里地块和昆仑山南部形成海西—印支期中酸性岩浆侵入、褶皱变形、韧性剪切带和区域浅变质作用。侏罗纪~早白垩世，新特提斯北大洋板块向北俯冲于古欧亚板块之下、向南俯冲于念青唐古拉古陆块之下，在班公错（也称班公湖）—怒江缝合带形成侏罗纪蛇绿岩套、混杂堆积及大量逆冲推覆构造与褶皱构造。晚白垩世~始新世，新特提斯南大洋板块沿雅鲁藏布江缝合带发生俯冲消减，形成长达千余公里的雅鲁藏布江蛇绿混杂岩带及其北侧冈底斯中酸性岩浆带，导致古新世~渐新世林子宗群岛弧火山岩广泛喷发及上白垩统~古新统地层的褶皱变形事件。不同时期特提斯古大洋板块的俯冲消减及相关构造热事件主要发生于板块缝合带与古岛弧带，而对远离缝合带和古岛弧带的广大地区则影响较小。特提斯古大洋的扩张、俯冲、消减对青藏地区古生代、中生代和新生代早期的地质构造演化历史具有重要的控制作用。

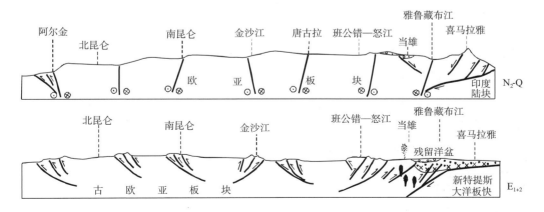

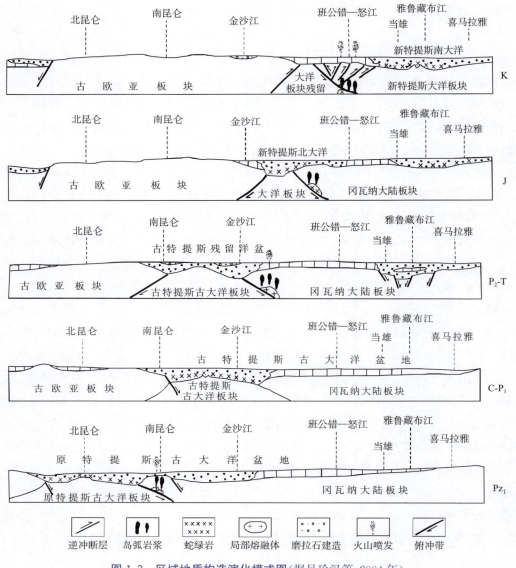

图1.3 区域地质构造演化模式图(据吴珍汉等,2004年)

自50～45 Ma BP开始发生的印度洋板块—欧亚板块的陆—陆碰撞事件,是地质历史时期最重要的全球性构造事件,其影响范围、深度、广度及大陆动力学意义是任何时期特提斯古大洋板块的俯冲事件都无法比拟的。印度陆块沿喜马拉雅构造带俯冲于欧亚板块之下,在喜马拉雅山前形成印度陆块俯冲带;在喜马拉雅山地区形成巨型逆冲推覆构造系统,包括主中央逆冲断裂系(MCT)与主边界逆冲断裂系(MBT),在MCT北侧形成巨大的藏南拆离滑脱构造体系(STD),构成印度洋板块—欧亚板块之间的重要碰撞造山带。

伴随着青藏高原的演化,在研究区及周边形成了一系列重要的区域断裂带和褶皱变形带,主要包括:嘉黎断裂带、墨竹工卡—工布江达逆冲推覆构造带、志岗—沃卡逆冲断裂带、雅鲁藏布江断裂带、哲古错—隆子逆冲推覆构造带、藏南拆离系、喜马拉雅逆冲构造带(包含了喜马拉雅主中央逆冲断裂带、主边界逆冲断裂带和主边界断裂带)、错那—沃卡裂谷带(从北到南分别包含了沃卡地堑、邱多江地堑和错那—拿日雍错地堑等)和亚东—谷露裂谷带(从北到南包含了谷露地堑、当雄—羊八井断陷盆地、安岗地堑、热龙地堑、涅如地堑和帕里地堑等多个近南北向和北东向断陷盆地)。这些断裂带或变形带的发育都经历了多期活动过程,成为控制区域地壳稳定性的重要断裂带。

1.2.3 研究区构造节理统计与分析

对雅鲁藏布江拉萨—林芝段沿岸岩体的节理进行调查,经统计分析,由图 1.4 和表 1.1,可以看出:研究区内主要发育两组节理,一组为近南北向,另一组为近东西向;此外,北东向及北西向节理也较发育。其中,可见多组南北向节理与北北西向节理共轭产出,反映近南北向挤压应力及近东西向的拉张应力特征。

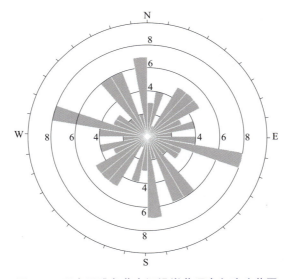

图 1.4 研究区雅鲁藏布江沿岸节理走向玫瑰花图

表 1.1 雅鲁藏布江拉萨—林芝段节理调查统计表

序号	点号	坐标	点位	描述
1	172	29°11.517′N 92°14.179′E	罗布沙镇南东侧断层崖坡上	点位处 K_2M 辉长岩中节理发育,统计如下:65°∠61°、42°∠72°、320°∠52°、260°∠57°、265°∠57°、170°∠72°。其中 65°∠61°与 260°∠57°系共轭节理,近垂向挤压
2	184	29°14.910′N 92°13.693′E	雅鲁藏布江北岸,桑珠林南东侧 1.4 km 山前	该处 E_2Z 花岗岩中发育两组"X"共轭节理,一组为 140°∠58°、315°∠54°;另一组为 230°∠65°、1°∠31°
3	189	29°17.422′N 92°5.507′E	雅鲁藏布江北岸,拉隆西 2.2 km 左右	该处 E_2B 花岗岩体中发育两组节理为 10°∠22°、168°∠55°,节理间距分别为 10~50 cm 和 1~1.5 m
4	190	29°17.274′N 92°7.028′E	雅鲁藏布江北岸,拉隆西约 1.2 km,公路边	E_2B 黑云二长花岗岩中见间距 1~2 m 节理,贯穿性好,产状 288°∠34°

续上表

序号	点号	坐标	点位	描述
5	191	29°17.422′N 92°5.507′E	雅鲁藏布江北岸,拉隆西 500 m 左右	E_2B 黑云二长花岗岩中见节理发育,优势产状 15°～25°∠45°～62°,间距 10～50 cm,局部 1～2 m
6	193	29°17.329′N 92°8.366′E	雅鲁藏布江北岸,拉隆南东侧 0.5 km 左右,X302 公路边坡	点位处见 E_2B 花岗岩体中发育区域性共轭节理,产状分布为 50°∠56°、270°∠40°。另外该处主断层夹脉体,脉体中节理发育,产状为 268°∠35°
7	194	29°17.192′N 92°9.501′E	雅鲁藏布江北岸卡达村附近 X302 公路边坡	点位东卡达附近,在 E 岩体中发育节理,主要节理产状为 166°～170°∠76°～84°;另一组节理产状为 292°∠35°
8	195	29°15.338′N 92°11.282′E	雅鲁藏布江东岸,卡达南东 2 km 左右公路边	该处 E_2K 粗粒花岗岩岩体中发育多组节理,产状分别为 102°∠34°、295°∠18°、146°∠76°,其中 146°∠76°节理间距大;此外还见一组弧形相交的节理,产状为 113°∠48°、15°∠45°
9	197	29°15.382′N 92°11.149′E	雅鲁藏布江北岸,沃卡三级电站北东侧 1.8 km 左右	该处 E_2B 花岗岩岩体见产状为 320°∠55°的优势节理,顺节理发育冲沟
10	198	29°14.106′N 92°0.620′E	雅鲁藏布江北桑日大桥东 600 m 左右	E_1S 二长花岗岩中节理发育,产状分别为 15°∠32°、35°∠78°、255°∠20°,其中以 15°∠32°节理最为发育
11	201	29°14.703′N 92°0.806′E	雅鲁藏布江南岸,谷德岭南 1 km 左右	E_1S 花岗岩体中发育三组节理,产状分别为 198°∠62°、270°∠15°、71°∠74°;其中以 198°∠62°最为发育,间距 0.3～0.6 m
12	202	29°14.725′N 92°0.122′E	雅鲁藏布江北,桑日大桥北北西 1 km 左右	该处 E_1S 花岗岩中发育两组主要节理,产状为 324°∠65°、287°∠73°,节理间距为 0.5～1.5 m。另两种贯通性差的节理为 12°∠49°、170°∠42°
13	203	29°14.800′N 92°0.105′E	点 202 北东侧 300 m 左右	该处比玛组(J_3k_1b)安山岩中发育有多组节理,产状分别为 312°∠70°、85°∠84°、196°∠38°
14	204	29°17.192′N 92°9.501′E	雅鲁藏布江北岸,查卡学东 3.5 km 左右	该处 E_2N 花岗闪长岩体中发育共轭节理,产状分别为 92°∠72°、249°∠51°,其中 249°∠51°发育较好
15	205	29°17.416′N 91°50.205′E	雅鲁藏布江北岸,查卡学北 500 m 左右	E_2N 花岗闪长岩中发育多组节理,产状分别为 181°∠65°、310°∠80°、138°∠32°、238°∠80°;其中 138°∠32°与 238°∠80°系共轭节理
16	207	29°15.820′N 91°51.465′E	雅鲁藏布江南,明则北 300 m 左右	J_3k_1b 岩体中主要发育三组节理,产状分别为 214°∠66°、323°∠25°、70°∠34°;另有一组透入性较差的节理,产状为 56°∠81°
17	208	29°15.231′N 91°53.164′E	雅鲁藏布江南,康汪陈坝沟内	点位处 E_2N 岩体中发育三组区域性节理,产状分别为 282°∠72°、164°∠68°、15°∠64°;其中陈坝沟沟口方向与 282°∠72°节理方向一致
18	217	29°15.231′N 91°53.164′E	加查西,雅鲁藏布江西岸,公路边坡	点位处 E 黑云二长花岗岩中发育三组节理,产状分别为 206°/26°∠80°(发育好),320°/126°∠80°(发育较好),325°∠24°(发育较差)
19	222	29°8.667′N 92°39.728′E	雅鲁藏布江北,加查附近,路东	该处 RLb 砾岩出露,岩层形成背斜,北翼产状 315°/326°∠35°～40°,南翼产状 126°∠50°;其中发育一组不连续的节理,产状为 126°∠50°
20	227	29°8.667′N 92°39.728′E	雅鲁藏布江北岸,香嘎北东 300 m 左右	E_2B 片麻状花岗岩中发育两组共轭节理,产状分别为 32°∠69°、198°∠55°。节理间距 0.5～3.0 m 不等,局部 5～6 m

续上表

序号	点号	坐标	点位	描述
21	305	29°10.291′N 92°33.832′E	嘎玉沟东侧公路边	点位处为 E_2B 中粗粒二长花岗岩与 RLb 砾岩接触带,二者系断层接触关系。在二长花岗岩中发育两组近直立节理,产状为 279°∠86°、185°∠85°
22	008	29°6.987′N 93°7.110′E	雅鲁藏布江东侧,嘎母丁北西 500 m 左右	该处 $E_2\eta\gamma\delta m$ 二云二长花岗岩中主要发育三组节理,产状分别为 155°∠65°、265°~278°∠65°~70°、62°∠50°;其中后两组节理为共轭节理
23	020	29°6.100′N 93°8.894′E	雅鲁藏布江西岸,雪巴塘北 900 m 左右	岩体中发育三组节理,产状分别为 16°∠86°、48°∠35°、167°∠16°
24	026	28°59.735′N 93°18.817′E	雅鲁藏布江南岸	$K_2 fw$ 岩体中发育两组节理,产状分别为 245°∠60°、7°∠26°~30°
25	027	29°6.975′N 93°26.832′E	嘎母丁附近	$E_2\eta\gamma\beta m$ 黑云母二长花岗岩中发育共轭节理,产状分别为 228°∠35°、358°∠25°
26	029	29°10.015′N 93°31.056′E	雅鲁藏布江南岸公路边	$K_2\pi\eta\gamma\beta$ 黑云二长花岗岩中发育三组节理,产状分别为 231°∠88°、230°∠50°、31°∠28°;其中后两组为共轭节理
27	033	29°7.816′N 93°44.898′E	雅鲁藏布江南岸,下觉北东 1.5 km 左右	$K_1\delta\sigma$ 花岗岩中见密集节理面,产状 337°∠89°,其上略有错动,其上擦痕发育。另外,还见两组区域性节理,产状分别为 308°∠50°、242°∠75°,前者更为发育
28	036	29°7.855′N 93°54.430′E	雅鲁藏布江南东岸,弄光浦东侧 500 m 左右	Pt_1b 花岗闪长岩中发育三组节理,产状分别为 180°∠78°、40°∠82°、15°~20°∠24°
29	038	29°9.773′N 93°54.803′E	雅鲁藏布江北岸,腔达北山前	该处分布 $Pt_{2-3}b$ 角闪斜长片麻岩,片理产状为 308°∠40°,岩层中发育两组节理,产状为 280°∠54°、101°∠58°,其中后者更为发育
30	040	29°12.778′N 94°4.532′E	雅鲁藏布江北,罗外绒东	斜长角闪片麻岩中发育共轭节理,产状为 130°∠51°、251°∠60°
31	043	29°9.276′N 93°40.899′E	雅鲁藏布江北岸,五一公社西 3 km 左右	Pt_1b 花岗闪长岩中发育节理,产状为 81°∠60°,另一组次级节理产状为 10°∠48°
32	058	29°21.323′N 90°43.266′E	雅鲁藏布江北岸雪村西	该处花岗闪长岩体中发育三组节理,产状为 3°∠54°、153°∠68°、265°∠75°,后两组节理系共轭节理
33	058-1	29°22.531′N 90°46.867′E	曲水县南东	花岗岩体中见产状为 160°∠54°的层状节理,此外还见共轭挤出式节理,产状为 305°∠56°、82°∠65°
34	059	29°21.323′N 90°43.266′E	雅鲁藏布江北岸嘎拉山隧道南口	该处黑云角闪二长花岗岩中发育共轭节理,产状为 240°∠61°、26°∠61°

1.3 地层岩性

拉林铁路沿线主要跨越冈底斯—念青唐古拉地层区拉萨—波密地层分区、喜马拉雅地层区和雅鲁藏布江构造岩石地层区共 3 个地层区,如图 1.5 所示。区内地层自元古界至第四系均有出露,其中以中生界、古生界三叠系及元古界变质岩系分布最广。新生界主要散布于断陷盆地、河谷及斜坡的中下部。

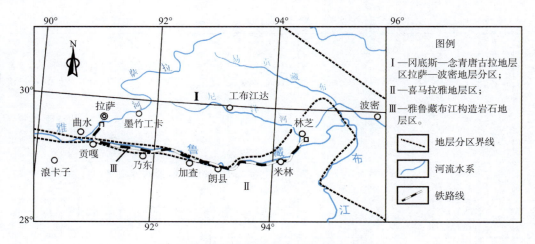

图 1.5 拉林铁路沿线主要地层分区示意图

1.3.1 前第四纪地层岩性特征

1. 冈底斯—念青唐古拉地层区拉萨—波密地层分区（Ⅰ）

冈底斯—念青唐古拉地层区拉萨—波密地层分区主要出露砂板岩、砂砾岩、中酸性～中基性火山岩及片岩、片麻岩，发育林布宗组煤系地层，见表 1.2。其中，罗布莎群伴随雅鲁藏布江深大断裂出露，岩质软弱，常形成沟槽谷地。

表 1.2 冈底斯—念青唐古拉地层区拉萨—波密地层分区地层岩性划分

年代地层单位			代号	名称	岩性特征	工程地质岩组
界	系	统				
新生界	新近系		RLb	罗布莎群	杂色砾岩，砂砾岩，粉砂岩	半坚硬～坚硬砂砾岩组
	古近系	上统	K_2-Ed	旦师庭组	安山质火山角砾岩，集块岩，角闪质安山岩	坚硬中酸性火山岩组
中生界	白垩系	下统	K_1ch	楚木龙组	灰白色石英砂岩夹深灰色板岩	半坚硬～坚硬砂板岩组
			K_1l	林布宗组	灰黑色板岩夹灰白色石英砂岩及煤线	半坚硬～坚硬砂板岩组（煤系）
			Kym	扬美组	杂色砾岩，变质含砾砂岩，灰色板岩夹火山碎屑岩	半坚硬～坚硬砂砾岩组
	侏罗系	上统	J_3K_1b	比马组	安山岩，凝灰岩，板岩，凝灰质砂岩，结晶灰岩	半坚硬～坚硬板岩、凝灰岩组
			J_3K_1m	麻木下组	上部安山岩，英安岩，凝灰岩，凝灰质砂岩，灰质砂岩；下部（拉萨—曲水）角砾状、条带状灰岩，泥灰岩夹中基性火山岩	半坚硬～坚硬中基性火山岩组
			J_3d	多底沟组	块状灰岩夹薄层灰岩，泥灰岩，砂质板岩，粉砂岩	坚硬碳酸盐岩组
		中统	J_2m	马里组	杂色砾岩，变质砂岩，泥岩夹灰岩	半坚硬～坚硬砂砾岩组

续上表

年代地层单位			代号	名称	岩性特征	工程地质岩组
界	系	统				
古生界	石炭系	下统	C_1Pn	旁多群	上段变玄武岩,变安山岩,流纹岩,英安岩与变砂岩、板岩互层;下段变细砂岩与板岩互层,夹变玄武岩、变安山岩、凝灰岩及大理岩	坚硬玄武岩、砂板岩组
	泥盆系	中上统	D_{2-3} C_1s	松宗组	灰岩、白云岩,局部夹变质砂岩	坚硬碳酸盐岩组
	奥陶系	中下统	$O_{1-2}s$	桑曲组	变质钙质砂岩,灰岩,玄武岩	坚硬砂岩灰岩组
	震旦~寒武系		ZBm	波密群	变质基性~中基性火山岩,夹变砂岩、大理岩,局部出现片岩	坚硬中~基性火山岩组
元古界	前震旦系		$AnZGd$	冈底斯岩群	上部片岩为主,夹斜长角闪岩、变粒岩、石英岩和大理岩;下部片麻岩为主夹片岩、斜长角闪岩、变粒岩及少量大理岩	半坚硬~坚硬片岩、片麻岩组

2. 喜马拉雅地层区（Ⅱ）

喜马拉雅地层区主要出露朗杰学群砂板岩和南迦巴瓦群片岩、片麻岩。朗杰学群砂板岩相对软弱,地表上常形成中高山。南迦巴瓦群岩质相对坚硬,地貌上常形成高山、最高山。喜马拉雅地层区岩性划分见表1.3。

表1.3 喜马拉雅地层区岩性划分

年代地层单位			代号	名称		岩性特征	工程地质岩组
界	系	统					
新生界	白垩系		Kg	各登组（日喀则群）		页岩、粉砂岩、砂岩、砂砾岩,夹泥灰岩、泥晶灰岩	半坚硬砂页岩组
中生界	三叠系	上统	T_3LJ	朗杰学群		板岩、岩屑砂岩、长石石英砂岩、岩屑长石砂岩、岩屑杂砂岩不等厚互层	半坚硬~坚硬砂板岩组
元古界	前震旦系		$AnZa$	南伽巴瓦群	阿尼桥片岩组	二云石英片岩、白云母石英片岩、石榴石二云石英片岩、长英质糜棱岩、糜棱岩化二云石英片岩夹斜长角闪岩和大理岩	半坚硬片岩组
			$AnZb$		多雄拉片麻岩组	长英质糜棱岩、糜棱岩化黑云二长变粒岩、片麻岩夹斜长角闪岩	半坚硬~坚硬片麻岩组

3. 雅鲁藏布江构造岩石地层区（Ⅲ）

雅鲁藏布江构造岩石地层区主要指沿雅鲁藏布江分布的沉积混杂岩和罗布莎蛇绿岩带,岩质相对软弱,常形成沟谷、沟槽,见表1.4。

表 1.4 雅鲁藏布江构造岩石地层区地层岩性划分

年代地层单位			代号	名 称	岩 性 特 征	工程地质岩组
界	系	统				
新~中生界	白垩系~三叠系	上统	K_2m	沉积混杂岩	泥砂质混杂体,基质复理石含硅质岩块	半坚硬沉积混杂岩组
		下白垩统~中三叠统	β	罗布莎蛇绿岩带	块状、枕状玄武岩夹硅质岩	半坚硬~坚硬蛇绿岩组
			Cm		堆积杂岩,层状辉长岩,均质辉长岩,纯橄岩,异剥橄榄岩	
			φ		变形橄榄岩,斜辉辉橄岩,二辉橄榄岩,纯橄岩	

1.3.2 第四纪地层特征

研究区内第四纪地层主要有冲积层(Q^{al})、洪积层(Q^{pl})、冲洪积层(Q^{alp})、风积层(Q^{ecl})、河湖层(Q^{hl})、冰碛层(Q^{gd})、冰水沉积层(Q^{fgl})。

冲积层在研究区最为发育,在雅鲁藏布江宽谷及其主要支流(拉萨河、尼洋河等)沿岸广泛发育冲积层;其中,尤以全新世冲积层为甚,主要为砾石层及砂砾层,常构成河流的多级阶地。

洪积层主要发育于雅鲁藏布江次一级支流沿岸,以砂砾石层为主。

冲洪积层主要发育于雅鲁藏布江曲水—桑日宽谷段,以含泥砂砾层为主。

风积层在研究区显著发育,在雅鲁藏布江宽谷较为常见,如在贡嘎北侧、桑日县城东、仲沙、里龙北侧雅鲁藏布江江岸均能见到风积砂层,主要为灰、灰白色中细砂层,在河谷形成砂丘或砂垄,在大风季节容易造成风砂灾害。

河湖层则主要发育于雅鲁藏布江次一级支流沿岸,另外在曲松县色吾村,发现高为 120~140 m 的河湖层高台地,以细砂黏土为主。

冰碛层和冰水沉积层主要发育于沃卡盆地及邱多江盆地边缘,另外在雅鲁藏布江南岸罗布沙处也可见冰碛台地发育,规模较小。

由于研究区山峰的海拔高度多在 5 500 m 左右或低于这一高度,而现代雪线却上升到 5 500 m 左右,故大都缺乏现代冰川,古冰川作用的规模也很小。

1.4 第四纪地质与新构造运动特征

1.4.1 河流阶地发育特征

1. 雅鲁藏布江的阶地发育特征

杨逸畴等(1983 年)曾报道过雅鲁藏布江的泽当河段和加查—派河段的河流阶地,并指出加查—朗县一带典型深切曲流的存在。曲流带宽达 5 km 左右,有拔河高度

700 m 的谷肩。在泽当河段的叶那附近、扎期沟西侧、桑日绒区和增嘎附近,发现了拔河高度 10 m 左右与 30～35 m 的两级阶地、60 m 左右的冲洪积阶地及 80 m 左右和 160 m 左右的两级洪积阶地。在加查—派河段的加查县附近、朗县、朗县北 6 km 处、五条大波、甲格、米林冈嘎、鲁霞、派和大渡卡,发现了拔河高度分别为 5～25 m、5～55 m、50～65 m、70～120 m、100～160 m 的五级堆积阶地和 170～220 m 基座阶地。

在加查县陇兰乡测量雅鲁藏布江北岸剖面,如图 1.6 和图 1.7 所示,获得 9 级阶地的拔河高度分别为 6～15 m、18～25 m、28～35 m、40～50 m、60～70 m、80～85 m、90～95 m、100～110 m 和 120～140 m,均为基座阶地。另有零星高阶地遗迹。而在该剖面西北约 9 km 的莫迪拉,则发现了面积较大、拔河高度为 150～175 m 和 195～230 m 的第十和第十一级阶地,均有厚层的河流相砾石层发育。

野外调查统计表明,第一级阶地中砾石的岩性成分(及含量)由花岗岩(39%)、砂岩(20%)、闪长岩(7%)、火山岩(7%)、千板岩(7%)、辉长岩(6%)、辉绿岩(6%)、混合岩(4%)和脉石英(4%)组成。在第十一阶地之上,有厚逾 100 m 的砾石层所组成的拔河高度为 500～650 m 的高平台,如图 1.6 所示。其砾石磨圆普遍良好(1～3 级)、粒度粗大,最大可达 1～5 m,而以 0.5～1 m 为主,其次为 0.1～0.5 m 和小于 0.1 m 者。砾石成分以花岗岩为主,其次为闪长岩及少量的砂板岩、基性火山岩和脉石英等,与前述阶地及雅鲁藏布江河床中的砾石成分十分相似。类似的高平台与厚层的磨圆砾石层在邻近几个平坦的山梁上均可见到,并与附近的曲流发育有密切关系,显然雅鲁藏布江早年曾有一段河谷展宽、曲流发育的历史。

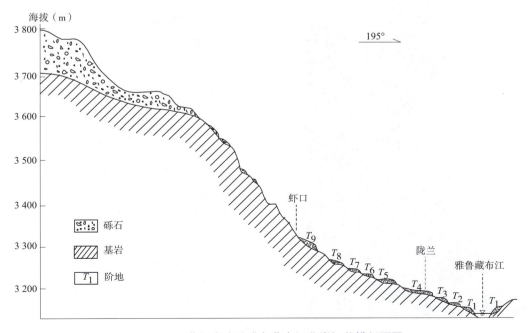

图 1.6 西藏加查陇兰雅鲁藏布江北岸河谷横剖面图

(a) 雅鲁藏布江北岸陇兰村附近的8级河流阶地 [长条状山梁为高出江面约600 m的古河道砾石层,远景山峰（有无积雪者）为主夷平面残余]

(b) 陇兰村北高出雅鲁藏布江600 m的古河道砾石层与低阶地

图1.7 雅鲁藏布江北岸陇兰村附近河流阶地特征

2. 拉萨河的阶地发育特征

拉萨河下游,河谷宽广、河道多分汊,为典型的辫状水系,河网几乎占据了整个河谷,风沙活动相当活跃,但阶地保存较少。然而,在羊八井附近的拉萨河支流之一的藏布河,发现 6 级阶地,表明这些支流也发育较早。在铁路线穿越段,河流阶地不发育。

3. 尼洋河的阶地发育特征

尼洋河北为念青唐古拉山及其分支,南为冈底斯山东段(郭喀拉日居)。上游山地海拔 5 500~5 700 m,下游山地海拔 5 000 m 左右,而河谷海拔大部分在 3 000~4 000 m 之间,因而形成了切割深度为 1 500~2 000 m 的高山深谷地貌。尽管谷坡陡峻,但谷底普遍较宽,河道多分汊,也为典型的辫状水系,河网几乎占据了整个河谷。除部分保留河流阶地外,还残留了不少湖相沉积,主要为南迦巴瓦峰北坡的冰川活动所形成的堰塞湖的沉积。在尼洋河上游,也观察到 8 级阶地。如工布江达县加兴区东 5 km 处尼洋河南岸的测量结果,8 级阶地的拔河高度分别为 5~8 m、13~16 m、20~21 m、25~30 m、39~40 m、46~48 m、57~60 m 和 65~68 m,均为基座阶地。各级阶地的拔河高度,有向上游减少的趋势,甚至级数也向源头地区减少。如工布江达县嘎木龙马村南,仅见 4 级阶地,测得其拔河高度分别为 3~6.8 m、12.3~18.9 m、29.8~40 m 和 50 m(T_4 前缘)。T_4 前缘剖面中部砾石层中的钙质胶结物的 ESR 年龄为 (683 ± 70) ka BP,表明其 T_4 已于中更新世早期形成,也间接说明了发育多级高阶地甚至更高台地的雅鲁藏布江及其主要支流,早已形成。在铁路线穿越段,河流阶地不发育。

1.4.2 夷平面发育特征

以 1∶250 000 地形图作为底图,在铁路沿线为 1∶50 000 或 1∶100 000 地形图,其等高线间距分别为 10 m 或 20 m、20 m 或 40 m,分幅勾绘铁路沿线及周边夷平面分布图,如图 1.8 所示,对于认识青藏高原东南缘的地质演化具有重要的意义。现简要叙述铁路沿线各夷平面的分布状况。

1. 喜马拉雅山脉东段与雅鲁藏布江之间地区

喜马拉雅山脉东段与雅鲁藏布江之间地区包括西藏山南地区北部、林芝地区西部雅鲁藏布江以南和喜马拉雅山脉东段以北之间地区。喜马拉雅山脉东段自西向东延伸,并在错那以东逐渐转向北东东和北东方向,其主要高峰可达海拔 7 500 m 以上,如良岗康日(7 524 m)、库拉抗日(7 538 m)等。布拉马普特拉河的一些上游支流发源于山脉北坡,如雅鲁藏布江、西巴霞河、洛扎雄曲及其他一些小支流等。

在喜马拉雅山脉东段的主山脊上,并未发现夷平面存在的迹象。而在山脉以北和雅鲁藏布江以南的西藏南部高原南半部的"低山丘陵"之间,却有一条呈近东西方向延伸的条带状夷平面分布。该夷平面带自浪卡子县南的普莫雍错西南岸,似断似续地一直延伸到隆子县北的雪萨区,长约 250 km,宽 20~50 km 不等。另有一条近南北向的夷平面分布带,

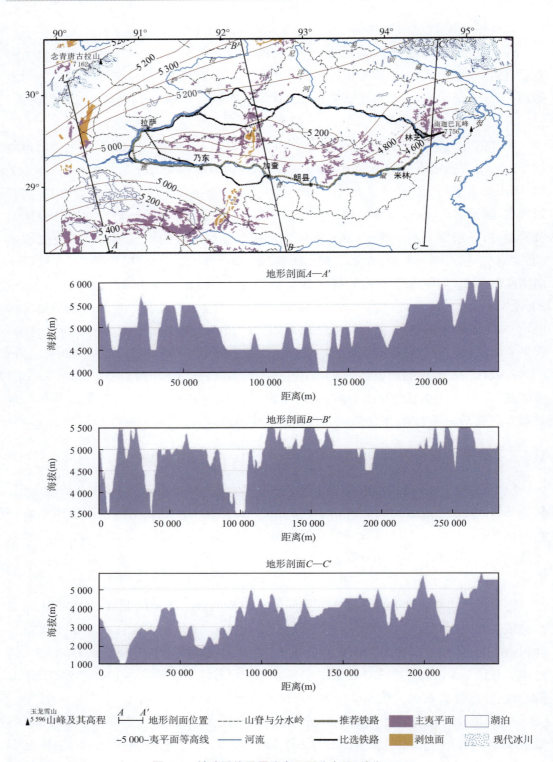

图 1.8 铁路沿线及周边夷平面分布图(单位:m)

从曲松县城附近向南延伸到错那那日雍错及其南一串小湖之东岸,两带交汇于古堆热田附近。

自西向东成片分布的夷平面依次为:

(1)由南向北流并注入普莫雍错西岸的加曲东、西两岸(5 200～5 600 m),属浪卡子县界内。

(2)浪卡子县普莫雍错北岸、东北岸和东南岸(5 200～5 500 m)。

(3)羊卓雍错东南、洛扎雄曲上游支流与注入羊卓雍错及其离湖(如巴纠错)的河流,如甫曲—藏觉藏布、雅鲁藏布江之间的分水岭"低山丘陵"(5 200～5 500 m),及其东稍偏北的嘎曲—渣渣曲上游的分水岭(4 900～5 200 m),大部分属于浪卡子县,部分已进入措美县界内。

(4)措美县哲古错四周(4 700～5 100 m)。

(5)错那那日雍错及其南一串小湖之东岸(4 900～5 300 m)和隆子县西南雄曲南岸(4 700～5 100 m)。

(6)曲松县西南北北东—南南西方向的邱多江盆地两侧(4 700～5 100 m)。

(7)隆子县雪萨区西部和北部(4 900～5 200 m)。

(8)在羊卓雍错以西、仁布县然巴区以北,还有小片夷平面(4 800～5 100 m)零星分布。

据调查研究,研究区的夷平面主要表现为起伏和缓的丘陵状,主要分布在普莫雍错、哲古错等湖盆的四周和上述各河流上游分水岭地区,但不构成分水岭的最高山脊而稍稍低于这些山脊。而研究区的大小湖泊,如羊卓雍错、普莫雍错、哲古错和那日雍错等,都是晚第四纪时期被那些来自附近高峰的冰碛或冰水堆积堵塞河道而形成的冰川堰塞湖,而非构造成因的断陷湖。由于研究区的现代雪线高度已达海拔 5 500 m 左右,故这些夷平面分布区并不在现代冰川分布区的范围之内。上述情况表明,在这些夷平面形成之前,研究区的古水系已经存在了,青藏高原的隆升和喜马拉雅山脉的崛起并未从根本上改变古水文网分布的基本格局。

2. 冈底斯山脉东段地区

冈底斯山脉东段地区包括拉萨市、林芝地区西北部及局部山南地区的雅鲁藏布江以北和其北部主要支流拉萨河和尼洋河干流之间(拉萨—林芝公路以南)的分水岭地区。这条分水岭地形图上称冈底斯山脉,应是该山脉的东段,有的地图则称此山脉为郭喀拉日居。夷平面似断似续地分布于冈底斯山脉东段的主山脊及其部分支山脊上。自西向东为:

(1)达孜区与扎囊县分界处的章结拉附近(5 200～5 500 m)和各格拉(5 200～5 400 m)靠扎囊县一侧。

(2)达孜区、扎囊、墨竹工卡和乃东分界处的知不拉附近(5 200～5 500 m)与雅扎

(5 300～5 500 m)地区。

(3)扎囊和乃东分界处的结拉—叶虚拉地区(5 300～5 500 m),为冈底斯山脉支脉。

(4)墨竹工卡和乃东、桑日分界处的魁锐拉—德嘎拉(5 000～5 400 m)至罗果拉—扯革拉(5 000～5 400 m)地区,及其南位于桑日县界内冈底斯山脉两条支脉上的深必拉(5 200～5 500 m)和错真拉(5 000～5 400 m)等地区。

(5)桑日县功德林盆地西侧、与墨竹工卡交界的扎日—白龙拉地区(4 800～5 300 m)及盆地东侧、与工布江达交界的夕拉地区(4 900～5 400 m)。

(6)墨竹工卡、工布江达和桑日三县交界处的米拉山口地区(5 000～5 400 m)。

(7)桑日县东的卖多来嘎及其东的加查县北的陆牧速速地区(4 800～5 200 m)。

(8)加查县东北的零星地区(5 000～5 300 m)。

(9)朗县马拉松多周围地区(5 100～5 300 m)。

(10)朗根多帮嘎—米林卓米拉附近地区(4 900～5 300 m)。

(11)米林西北角冈底斯山脉南坡若干分水岭高地:加仓以东(4 800～5 200 m)和以北(5 100～5 300 m)地区,雪瑞柴拉附近地区(4 900～5 200 m),及扎嘎拉西北(4 800～5 200 m)与东南地区(4 800～5 200 m)。

(12)米林西北部朗巴拉山口—觉木拉山口地区(4 800～5 200 m),马良拉(4 600～5 100 m)、帮布切以西(4 600～5 000 m)和以东(4 600～5 100 m)地区。

(13)林芝西冈底斯山北坡半哥洞地区(4 700～5 200 m)。

(14)米林北部零星地区(4 500～4 900 m)。

(15)林芝西八一镇西南切马拉及以东地区(4 800～5 000 m)。

(16)此外,在工布江达县西南部和南部冈底斯山脉东段的北坡,还有两片面积很小的夷平面分布。向东可越过尼洋河,分布于以色季拉为代表的林芝北部与东部广大地区(4 300～5 000 m),但高度由北向南降低;位于色季拉以东的桑拉、业马拉地区(4 500～4 800 m)。

1.4.3 研究区新构造运动特征

研究区主要河流的阶地发育特征、夷平面分布特征、区域地貌对比以及大江大河的深切作用研究表明,青藏高原东南缘的新构造运动具有大面积间歇性掀斜抬升的特点,总体表现为由南东向北西逐渐增大。新构造运动时期,区域性深大断裂特别是控制断块边界的断裂表现出强烈的新活动,造成断裂两侧相对垂直运动与水平走滑运动,且断裂各段运动强度不均一。

通过青藏高原东南部地壳运动速度的GPS观测数据分析表明,青藏高原的现今构造变形以周边山系的地壳缩短增厚、高原内部的正断和走滑以及绕喜马拉雅东构造结的顺时针旋转为特征。高原内部的缩短并不是通过逆冲断裂和地壳增厚实现的,而是通过地壳物质向东流动和绕喜马拉雅东构造结的涡旋运动实现的(刘宇平等,2003年),拉林铁路规划区恰恰位于喜马拉雅东构造结的西侧,如图 1.9 所示。

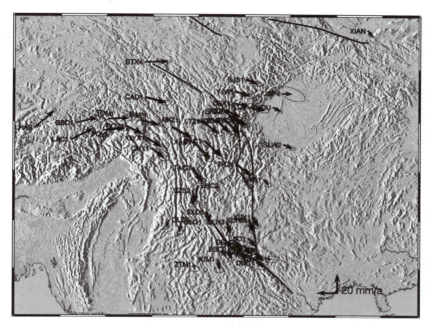

图 1.9　青藏高原东南部 GPS 测站相对于欧亚板块稳定部分速度矢量图(据刘宇平等,2003 年)

根据区域地质资料和野外调查分析,研究区及周边的活动断裂带大致可划分为东西向压性带、南北向张性带、北西向右旋走滑带和北东向左旋走滑带。第四纪晚期以来,在区域上以北东向整体位移围绕喜马拉雅东构造结旋转的过程中,近东西向压性断裂的活动(断裂相对位移)不显著,构造应力场总体表现为近南北～北北东向挤压,同时存在明显的东西向的拉张,致使研究区近南北向断裂多形成地堑构造,如沃卡地堑、邱多江地堑,现今强烈活动,地震活动频繁。研究区北西向和北东向断裂的活动性处于二者之间。

2 主要活动断裂调查与鉴定

2.1 青藏高原活动断裂的基本特征

青藏高原的活动断层与东亚大陆地壳变形过程密切相关,并且其中活动断层密度大、活动性强、性质复杂、灾害效应显著;因此倍受国内外地质学家的高度关注。自Tapponnier等(1976年)提出滑移线场理论以来,青藏高原活动断层的运动速度与驱动机理一直是国际地球科学领域长期重视的热点问题,很多地质学家为此开展大量研究工作。如Kidd等(1990年)对昆仑山等活动断裂位移和运动速度进行观测;Amijio等(1986年)对嘉黎—喀喇昆仑活动断裂位移和运动速度进行估算;国家地震局地质研究所(1992年)对念青唐古拉山东麓活动断裂与崩错活动断裂的位移和运动速度进行研究;吴章明等(1993年)、任金卫等(1993年)、吴珍汉等(2003年)对青藏高原北部活动断裂地质特征和运动速度进行分析;韩同林(1987年)、胡海涛等(1982年)、易明初(1982年)、吴珍汉等(2003年)对青藏高原断裂活动性及工程影响进行分析。汪一鹏(2001年)对青藏高原活动构造基本类型和地壳形变进行总结分析;张培震等(2003年)对青藏高原部分断裂的现今运动速度进行观测和分析。尽管如此,由于受自然地理因素的制约,前人对青藏高原腹地活动断裂的勘测研究程度总体偏低,特别是活动断裂的运动学调查与古地震研究工作。因此,对青藏高原内部广泛存在的众多活动断层普遍缺乏系统认识;对断层活动时代和运动速度的观测资料偏少,对活动断裂的驱动机理也存在多种不同认识。

20世纪70年代以来,地质学家先后通过遥感图像解译、地震机制解综合分析和地表考察等途径对青藏高原地区的最新地壳活动方式进行不同程度的研究,结果证实,在晚新生代,特别是第四纪期间,从南北向挤压缩短变形向近东西向伸展变形的转变是青藏高原内部最显著的构造事件。在此构造背景下,近东西向的伸展变形和挤出作用是青藏高原内部现今地壳变形的主要方式,其中分别以南部的北西向、斜列分布的喀喇昆仑—嘉黎右旋走滑断裂带和北部近东西向的东昆仑左旋走滑断裂带为界,可将青藏高原内部进一步划分为南部、中部和北部等三个现今地壳变形特征显著不同的构造变形域,青藏高原活动构造简图如图2.1所示。

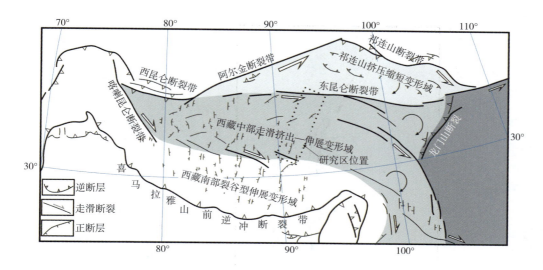

图 2.1 青藏高原活动构造简图

西藏南部属于"裂谷型伸展变形域",以发育大规模的、断续相连的近南北向地堑系或裂谷为特征;其中,在东经80°~94°,至少发育了7条南北断续延伸长度为150~500 km不等,地表极为显著的近南北向裂谷,由东到西分别是错那—沃卡、亚东—谷露、朋曲—申扎、当惹雍错—孔错、达瓦错—萨嘎—佩枯错、仓木错—帕龙错和错那错—公珠错等。处于喀喇昆仑—嘉黎断裂带与东昆仑断裂带之间的青藏高原腹地可称之为"走滑挤出—伸展变形域",其中以发育众多相对孤立、连贯性较差和规模较小的近南北向和北东向地堑或地堑系为主,局部可能发育一部分具有一定张性特征的、北东向左旋走滑断裂和北西走向右旋走滑断裂带或由它们共同构成的共轭断裂系。位于东昆仑断裂带北部的柴达木盆地北部的祁连山地区属于"祁连山挤压缩短变形域",该区以发育长数十公里至上百公里不等的北西西走向的逆冲断裂带为主,并伴有北西向右旋走滑断裂和北西西向左旋走滑断裂带。

拉林铁路在区域上穿行于上述的西藏南部"裂谷型伸展变形域"内,穿越的主要南北向裂谷是错那—沃卡裂谷。该裂谷在第四纪期间,以发育近南北向与北东—北北东向的正断层为主,并在地表形成显著的近南北向谷或断陷盆地。因此,在强烈的地壳活动背景下,近南北向正断层活动可能产生的强震活动及诱发地质灾害无疑将是影响该区地壳稳定性的最重要因素。为了更全面地揭示拉林铁路沿线区域的地壳活动性及其工程影响,在区域资料分析和遥感地质解译基础上,通过系统的野外地质调查,主要归纳分析了21条断裂和断裂带的基本特征及其活动性(图2.2和表2.1),并以此为基础,对该区的地壳活动性与工程稳定性问题进行综合分析与评价。

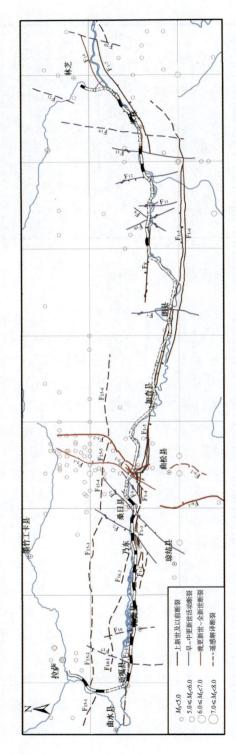

图 2.2　拉林铁路推荐线路方案沿线主要活动断裂及地震震中分布图

F_1—雅鲁藏布江断裂带；F_2—明则断裂；F_3—吓嘎断裂；F_4—正嘎断裂；F_5—沃卡－罗布沙断裂；F_6—邱多江断裂；F_7—够屋断裂；F_8—贡多顶断裂；F_9—莫多顶断裂；F_{10}—沙丁断裂；F_{11}—下觉断裂；F_{12}—进巴断裂；F_{13}—腔达断裂；F_{14}—力底断裂；F_{15}—角岗－曲木多断裂；F_{16}—昌国区－多坡草断裂；F_{17}—普下－江雄断裂；F_{18}—啊扎－热志岗断裂；F_{19}—达希－大莫合热断裂；F_{20}—郎嘎村断裂；F_{21}—八一断裂。

表 2.1 拉萨—林芝铁路线沿线主要活动断裂特征简表

序号	断裂名称		断裂特征	地震活动性	与铁路线关系
1	雅鲁藏布江断裂带(F_1)		断裂大致沿雅鲁藏布江南岸展布,总体呈 EW 向,在米林附近转为 NE 方向,倾向南,具逆冲性质。在遥感影像上见断续的线性地貌,地表调查与遥感影像分析显示断裂两侧北高南低的地貌特征,系断裂两侧基岩风化所致。断裂卷入的最新期地层为新近纪砾岩,砾岩变形强烈,层理被劈理所置换。朗县附近断裂未错断晚第四纪砾石层。加查—朗县雅鲁藏布江形态特征系该断裂在停止活动后很长一段时间后,由侵蚀和剥蚀作用所致。由此说明该断裂系前第四纪断裂	沿断裂带,仅有小于 M_S5 级的弱震发生	大部分位于铁路线以南,与铁路线平行;在加查、朗县附近地段与铁路线相交
2	明则断裂(F_2)		断裂长 50 km 左右,呈 NE 向展布,倾向 NW,E_2C 花岗闪长岩断面上发育擦痕及断层泥,擦痕指示该断裂具逆冲兼左旋走滑性质。该断裂破碎带宽 3 m 左右,断裂经过处形成明显的沟槽地貌。断裂上覆坡洪积物,未见有错断迹象,说明该断裂现今活动不明显。根据地貌形态及断面特征,判定其为 Q_{1-2} 活动断裂	无地震记录	与铁路线斜交
3	吓嘎断裂(F_3)		全长约 65 km,呈 NE 向展布,倾向 NW。沿该断裂发育水系冲沟,形成明显的沟槽地貌,并且断裂 NE 段明显控制雅鲁藏布江形态。断裂 NE 段穿越 Q_4^{al},未见有显著的错动特征。说明该断裂 Q_4 以来不活动,判定其为 Q_{1-2} 活动断裂	1950 年 5 月 6 日 $M_S5.0$ 级地震	与铁路线重合
4	正嘎断裂(F_4)		全长约 15 km,呈 NE 向展布,倾向 NW,断裂经过处发育明显的冲沟地貌。断面上擦痕及擦槽发育,指示左旋走滑性质。断裂 SW 段穿越雅鲁藏布江南岸 Q_4^{pl} 地层,未见有明显的错动迹象,说明该断裂 Q_4 以来不活动,依据地貌特征及断面特征,判定其为 Q_3 活动断裂	无地震记录	与铁路线斜交
5	沃卡—罗布沙断裂(F_5)	F_{5-1}	全长约 48 km,近 SN～NE 向展布,倾向 E 或 SE,具正断性质。全新世以来无明显活动迹象,判定为 Q_3 活动断裂	小于 $M_S5.0$ 级弱震	与铁路线近垂直相交
		F_{5-2}	全长约 60 km,近 SN～NE 向展布,倾向 W 或 NW,具正断性质。沿断裂、断层三角面及陡崖地貌十分发育,遥感影像上线性特征十分明显。该断裂控制沃卡盆地东侧边界,为 Q_4 活动断裂	1915 年 12 月 3 日 $M_S7.0$ 级地震	与铁路线近垂直相交
		F_{5-3}	全长约 6 km,NE 向展布,倾向 SE,具正断性质。全新世以来无明显活动迹象,判定为 Q_3 活动断裂	无地震记录	与铁路线近垂直相交
		F_{5-4}	全长约 5 km,NE 向展布,倾向 SE,具正断性质。全新世以来无明显活动迹象,判定为 Q_3 活动断裂	无地震记录	与铁路线近垂直相交
		F_{5-5}	全长约 15 km,NE 向展布,倾向 SE,具正断性质。全新世以来无明显活动迹象,判定为 Q_3 活动断裂	无地震记录	与铁路线近垂直相交

续上表

序号	断裂名称		断裂特征	地震活动性	与铁路线关系
6	邱多江断裂(F_6)	F_{6-1}	大于34 km,NW向展布,倾向NE,具正断性质,控制邱多江盆地西边界,为Q_4活动断裂	1955年5月5日M_S5.2级地震	位于铁路线南12 km左右
		F_{6-2}	大于20 km,NW～NE向展布,倾向NE～NW,具正断性质,控制邱多江盆地东边界,现今活动性不明显,判定为Q_3活动断裂	无地震记录	位于铁路线南45 km左右
7	够屋断裂(F_7)		长40 km左右,近SN向展布,倾向SW,具右旋走滑性质,控制河流拐弯。遥感影像上线性特征不明显。断裂穿越Q_h^{al}地层,未见有错动迹象,说明该断裂现今活动性不明显,判定其为Q_{1-2}活动断裂	无地震记录	与铁路线近垂直相交
8	贡多顶断裂(F_8)		长约58 km,近EW向展布,倾向N,具左旋逆冲性质。断裂西侧线性特征十分明显,而东侧则不明显,断裂东段控制雅鲁藏布江走向。该断裂现今活动不明显,判定其为Q_{1-2}活动断裂	无地震记录	与铁路线斜交
9	真多顶断裂(F_9)		长约25 km,NE向展布,倾向NW,具左旋正断性质。遥感影像上线性特征明显,特别上断裂北侧在雅鲁藏布江北岸山坡形成明显的沟槽地貌。地表调查未发现最新的活动迹象,判定其为Q_{1-2}活动断裂	无地震记录	与铁路线斜交
10	沙丁断裂(F_{10})		长约23 km,NW向展布,倾向NE,具右旋逆断性质。遥感影像上线性特征不明显。该断裂对雅鲁藏布江有一定的控制左右,野外调查未发现最新活动迹象,判定其为Q_{1-2}活动断裂	无地震记录	与铁路线斜交
11	下觉断裂(F_{11})		长约16 km,SN向展布,倾向W。具右旋逆冲性质,沿断裂发育沟槽地貌。该断裂对雅鲁藏布江河谷有一定的控制作用,地表调查显示该断裂现今活动不明显。判定其为Q_{1-2}活动断裂	无地震记录	与铁路线近垂直相交
12	进巴断裂(F_{12})		长约30 km,近SN向展布,倾向W,断面擦痕发育,指示正断性质,破碎带宽1~3 m。遥感影像上线性特征较明显,该断裂对雅鲁藏布江河谷有一定的控制作用。断裂穿越Q_h^{eal}时,未见有显著的错动迹象,说明该断裂现今活动不明显。判定其为Q_3活动断裂	无地震记录	与铁路线近垂直相交
13	腔达断裂(F_{13})		长约48 km,近SN向展布,倾向E,在大理岩断面上发育擦痕,指示左旋走滑性质,断裂破碎带宽4~5 m。遥感影像上线性特征较明显,该断裂切穿雅鲁藏布江断裂带,对雅鲁藏布江河谷有一定的控制作用,判定其为Q_4活动断裂	小于M_S5.0级弱震发生	与铁路线近垂直相交
14	力底断裂(F_{14})		位于雅鲁藏布江北岸,大致沿江展布,总体呈NE向,倾向NW,具左旋走滑兼逆冲性质。遥感影像上该断裂线性特征明显,断裂控制雅鲁藏布江的走向。断裂破碎带宽3~4 m,断面判定该断裂为Q_3以来活动断裂	无地震记录	与铁路线大致平行,部分与铁路线相交

续上表

序号	断裂名称	断裂特征	地震活动性	与铁路线关系
15	角岗—曲不多断裂(F_{15})	遥感解译断裂。该断裂在遥感影像上,具明显的线性特征,沿断裂发育水系冲沟,形成明显的构造地貌。断裂主要位于雅鲁藏布江北侧,呈近 EW 向分布,长约 200 km。该断裂被 NE 向及近 SN 向断裂截切,现今不活动。与雅鲁藏布江断裂带同属 EW 向构造系	小于 $M_S5.0$ 级弱震发生	与铁路线大致平行,位于铁路线北侧 20 km 左右
16	昌国区—多坡章断裂(F_{16})	遥感解译断裂。主要位于雅鲁藏布江北岸。遥感影像线性特征明显,见明显的沟槽地貌。断裂被 NE 及 NNW 断裂截切,现今活动不明显。同属 EW 向构造系	无地震记录	位于推荐线路北侧 4～15 km,与比选路线相交
17	普下—江雄断裂(F_{17})	遥感解译断裂。断裂 NE～SN 向分布,全长约 50 km。沿断裂水系冲沟十分发育,形成显著的沟槽地貌。断裂 NE 段发育线性三角面地貌。判定该断裂属研究区内 NE 向构造系,为第四纪早期活动断裂	无地震记录	与铁路线近垂直相交
18	啊扎—热志岗断裂(F_{18})	遥感解译断裂。断裂呈 NW 向分布,全长约 32 km。沿断裂冲沟水系发育,线性特征明显。判定其为研究区内 NW 向构造系,为第四纪早期活动断裂	无地震记录	与铁路线近垂直相交
19	达希—大莫谷热断裂(F_{19})	遥感解译断裂。断裂呈 NNE 向分布,全长约 70 km。沿断裂发育明显的线性构造地貌,断裂北段尤其显著。判定其为研究区内 NE 向构造系,为第四纪早期活动断裂	无地震记录	与铁路线近垂直相交
20	朗嘎村断裂(F_{20})	遥感解译断裂。断裂呈 NNE 向分布,全长约 32 km。判定其为研究区内 NE 向构造系,为第四纪早期活动断裂	无地震记录	位于铁路线推荐线路东侧 26 km 左右
21	八一断裂(F_{21})	遥感解译断裂。NE 向分布,全长约 27 km。沿断裂显著发育水系冲沟,判定该断裂为研究区内 NE 向构造系,为第四纪早期活动断裂	无地震记录	位于铁路线推荐线路西侧 10 km 左右

调查分析结果表明,除错那—沃卡裂谷这一区域上最为显著的活动构造之外,研究区还发育有近东西向、近南北向、北东向及北西向断裂等多组活动性质和活动性都不同的断裂或断裂带,如图 2.2 所示,见表 2.1。

近东西向断裂带在区域上最为发育,断裂性质以逆断为主,形成明显与南北向的挤压作用有关,它们多为第三纪或之前的断裂带,第四纪以来未见明显的活动迹象。

近南北向断裂的形成与东西向伸展变形作用有关,断裂性质多为正断,在研究区多形成地堑构造,如沃卡地堑、邱多江地堑,这组近南北向断裂大部分的现今活动明显,地震活动较为频繁。

研究区内发育的北东向和北西向断裂规模相对较小;其中,北东向断裂以左旋走滑为主,北西向断裂以右旋走滑为主,常在区域上构成共轭走滑断裂系,并常切穿东西向断裂。局部对第四纪以来地貌有一定的控制作用,它们一部分是早期区域挤压逆冲变形过程中的伴生构造,一部分是晚期伸展变形过程中早期形成的构造形迹,因此大多数在晚第四纪期间活动性大大减弱或仅局部活动。

现依据断裂的展布方向,将研究区的主要断裂和活动断裂带的基本特征及其活动性分述如下。

2.2 近东西向断裂活动性鉴定

研究区内近东西向断裂最为发育,主要包括雅鲁藏布江断裂(F_1)、贡多顶断裂(F_8)、角岗—曲不多断裂(F_{15})、昌国区—多坡章断裂(F_{16})等。其中 F_{15} 和 F_{16} 为遥感解译断裂,离铁路推荐线路较远,不做详述。

2.2.1 雅鲁藏布江断裂带(F_1)

最近的地质构造调查研究(尹安,2001年;潘桂棠等,2004年)认为,现今地表出露的雅鲁藏布江断裂带实际上是区域上大反向逆冲断裂系的主要组成部分,它大致沿印度河—雅鲁藏布江及两侧分布,并构成了雅鲁藏布江缝合带的北界。其东、西两端分别终止于东、西喜马拉雅构造结附近,几乎贯穿整个高原内部,全长超过 1 500 km。该断裂带在研究区内出露宽度 2~5 km 不等,如图 2.3 所示;其中,卷入了新近纪砾岩、白垩纪混杂岩和三叠纪的板岩、千枚岩等多种不同的地质体,如图 2.3 和图 2.4 所示。

(a) 加查附近F_1断裂带及显著的劈理化带(E)

(b) 朗县北公路边F_1断裂及其形成显著的劈理化带(W)

(c) 朗县北公路边F_1断裂处强劈理及构造眼球(W)

(d) 朗县北侧公路边K_2fw大理岩逆冲于RLb砾岩之上(W)

（e）雅鲁藏布江西岸戈屋南西F_1断裂形成近直立的强劈理化带（W）　　（f）吉登许北F_1断裂发育于T_3j于K_2fw地层中（W）

（g）雅鲁藏布江南岸若塘吾则北西侧F_1断裂带特征（E）　　（h）雅鲁藏布江南岸里龙西侧公路F_1断裂带特征（E）

图2.3　雅鲁藏布江断裂地表特征

注：子图名中"(E)"表示该照片镜像为E(东)方向；"(W)"表示该照片镜像为W(西)方向。

雅鲁藏布江断裂带在拉萨东南部也被称作泽当—仁布断裂带（即大反向逆冲断裂带）（Yin等，1994年）、雅鲁藏布断裂或雅鲁藏布深大断裂（西藏1∶1 000 000区域地质图），是整体倾向南的大型逆冲断裂带。该断裂带将其南侧具被动大陆边缘沉积特征的特提斯喜马拉雅沉积岩系向北叠置于雅鲁藏布江缝合带混杂岩、中新世磨拉石堆积和冈底斯岩基之上，构成了特提斯喜马拉雅和拉萨地块之间的重要边界带。

在西藏西南部和东南部，跨断裂带进行的构造地质和热年代学研究结果表明（Yin等，1994年；Quidelleur等，1997年；Murphy 2003年），雅鲁藏布江断裂带所错动的最新地层为（时代最晚）渐新世～中新世的磨拉石沉积，跨断裂带所调节的最小的近南北向缩短量为38 km左右，最大可能超过60 km；并根据热年代学证据，认为它的主要活动时段在中新世的早中期为25～10 Ma期间，但其初始活动时代尚未完全确定。

张培震等（2003年）基于西藏地区跨过该断裂带的8个全球定位系统（GPS）点的观测资料认为，雅鲁藏布江断裂局部具有现今活动性，运动方式为右旋走滑，活动速率可达(5.0±3.0)mm/a。

上述研究结果表明，目前关于该断裂带的第四纪，特别是晚活动性存在不同意见，并且明显缺少第四纪活动方面的地表调查依据。

研究区内该断裂主要位于铁路线南侧,依据其展布特征可划分为 7 段,分别为:曲水—卓学段(F_{1-1})、卓学—泽当段(F_{1-2})、泽当—绒区段(F_{1-3})、绒区—罗布沙段(F_{1-4})、罗布沙—尼当南段(F_{1-5})、古如朗杰—尼当南段(F_{1-6})和普雄北—德阳南段(F_{1-7})。由于各段性质基本相同,不逐一描述。

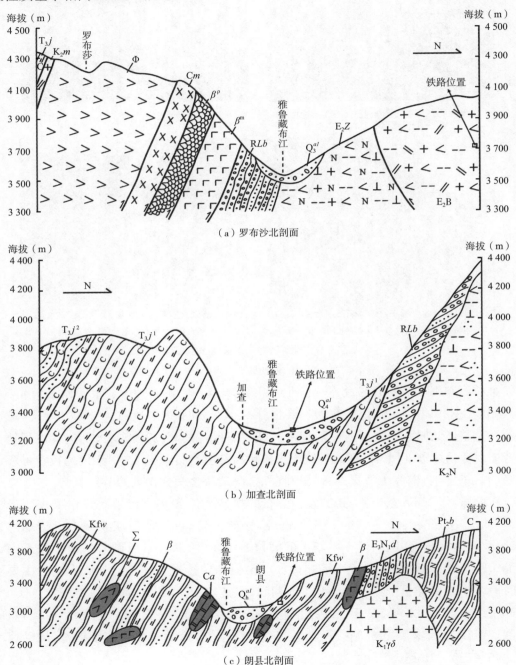

(a) 罗布沙北剖面

(b) 加查北剖面

(c) 朗县北剖面

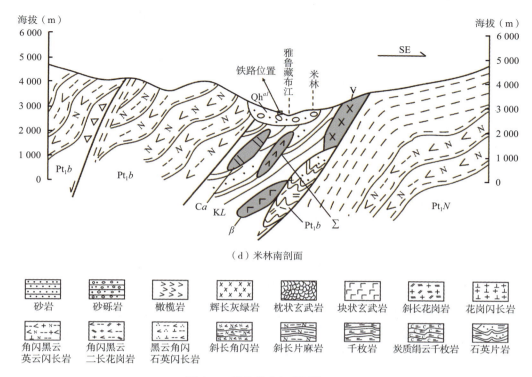

图 2.4 雅鲁藏布江断裂剖面图

在遥感影像上，从泽当到朗县的金东乡以东，可观察到沿断裂带北界发育的线性特征极为显著的基岩陡崖和三角面地貌，并整体呈现出北侧高、南侧低的特点，雅鲁藏布江断裂带的遥感影像特征如图 2.5 所示。

图 2.5 雅鲁藏布江断裂带的遥感影像特征

另外，在加查—朗县之间，雅鲁藏布江河谷也被比较严格地限制在该断裂带中，显示了断裂带对该段河流的发育具有明显的影响。通过地质图分析和地表调查发现，上述极为显著的线性构造地貌特征主要与该断裂带南、北两侧的岩性差异有关。雅鲁藏布江断裂带的北侧为冈底斯岩基带，以出露抗剥蚀能力较强的花岗质和闪长质的侵入岩为主，而南侧则以出露抗剥蚀能力相对较弱的劈理化作用显著的三叠纪千枚岩和板岩为主。在朗县以东的雅鲁藏布江河谷两侧，常沿断裂带中的陡倾片理化带发育线性沟谷和基岩陡崖地貌,而沟谷口的晚第四纪洪积砾石层往往都覆盖在断裂带之上而不发生构造变形,并且当断裂带延至雅鲁藏布江河谷中后都无一例外地被河流切割或阶地覆盖,而不错动晚第四纪阶地面,如图2.6所示,这些现象都一致地表明该断裂带在晚第四纪期间是不活动的或者是不存在明显活动性的。

通过沿雅鲁藏布江断裂进行地表追踪调查可以发现,该断裂带主要表现为南倾的逆断层(图2.3和图2.4)。因此,根据运动性质,地表的断崖和三角面等地貌面应该倾向北,而现在地貌上的陡崖和三角面的坡面却都倾向南,并出现北高南低的反向地貌特征,这表明它们不是反映最新断裂活动的地貌标志,而应该属于断裂带两侧岩性差异所造成的断层线崖地貌,即表示该断裂带已长时间停止活动,并经历了至少一轮区域性剥蚀夷平和随后的下切旋回。朗县一带的地表调查发现,沿该断裂带的逆断层作用和岩石变形作用非常显著,此处断裂变形带宽5 km左右,变形卷入的最新地层为新近纪的罗布莎群砾岩,沿断裂带可观察到三叠纪砂板岩和白垩纪混杂岩逆冲到新近纪砾岩之上,并进一步向北逆冲至属于冈底斯岩基带的白垩纪花岗岩体之上的现象,并且断裂带中包含了多条叠瓦状的次级断层,并常见近直立的劈理化和片理化带、构造眼球体、糜棱岩化等脆韧性剪切变形现象(图2.3)。而位于断裂带北侧的花岗岩体很少变形或基本不变形,而向南,断裂变形带由陡倾的片理化带又逐渐过渡为板劈理比较发育的三叠纪地层。

另外,在朗县一带,除了在断裂带北侧显示与加查县一带类似的北高南低的线性地貌特征外,在断裂带中的地势起伏也表现出与其中岩性的抗剥蚀能力相关而不受断裂活动性质的影响,因为在断裂带中每当出现抗剥蚀能力较强的大理岩时就相对突出的显示正地形,反之为负地形,这同样是断裂带经历了长期剥蚀的反映。同时,该断裂带与区域上的第四纪地质—地貌体发育、地震活动和活动构造带的关系等也指示其活动主要出现在新近纪期间,至少是第四纪之前,总结如下:

(1)除了加查—朗县段外,雅鲁藏布江河谷大多数地段处于该断裂带的北侧,而不是之上,表明河谷的出现与断裂带向北的仰冲作用有关。而在加查—朗县段,河谷出现在断裂带上,并在与断裂带宽度大致相当的河谷中形成典型的曲流河,表明河流此段至少经历了3个发育阶段:

①长期的向南侧蚀过程;

②河流强烈下切;

③河流侧蚀形成曲流。

而上述3个阶段的演化必须在该断裂带停止活动的前提下才可以完成,表明断裂带停止活动后,区域上经历了较长时间的剥蚀夷平过程,这与前述的沿断裂带发育断层崖所反映的事实是一致的。

(2)在朗县一带,雅鲁藏布江河谷穿越了断裂带的北界,出现大拐弯(图2.2)。经地表观察,在河谷穿过断裂带处既没有发现断裂的水平错动迹象,也没有阶地面的垂直变形,表明此处应该为河流的自然调整或是继承性的。此处河谷下切的幅度暗示,它至少在第四纪以来已经出现,而河谷中发育的多级晚第四纪堆积阶地也都没有构造变动的痕迹(图 2.6 和图 2.7),据此推断,此处断裂带在河谷下切以来没有构造活动。

图 2.6　朗县东沿雅鲁藏布江发育的基岩陡崖未错动晚第四纪阶地面(NE)　　图 2.7　朗县一带的雅鲁藏布江变形带形成崖口地貌但并不直接控制河流发育(E)

(3)沿断裂带或在断裂带的南北两侧都不发育平行该断裂带的第四纪断陷盆地。相反,在加查—桑日一带,在该断裂带的南北两侧分别发育了近于垂直该断裂的第四纪近南北向断陷盆地(邱多江地堑和沃卡地堑)。其中,在沃卡东缘断裂带南段,近南北向的次级正断层局部已经切割了近东西向的雅鲁藏布江断裂带。从空间上看,雅鲁藏布江断裂带无疑起到了阻隔两个地堑连同的横向构造作用,表明该断裂带应该出现在近南北向地堑发育之前。而近南北向的第四纪活动构造带的发育不显示受到近东西向构造带构造变动的干扰或变位的现象表明,雅鲁藏布江断裂带在地堑发育之时已经停止活动。

(4)历史和仪器地震记录表明,除个别地点有过 M_S≤5.0 级地震发生外,沿该断裂带基本不存在显著的地震活动带,也无明显的地热显示点。出现于沃卡—藏嘎一带的地热活动明显是沃卡地堑活动的显示,与雅鲁藏布江断裂带关系不大。

综上,该断裂带在停止活动之后,区域内经历了比较长的区域剥蚀夷平和切割作用,并且出现了近南北向的裂谷带,表明该断裂带停止活动的时间较长,至少在上新世之前。这与前人根据热年代学研究所得出的有关该断裂带的活动基本停止于约距今 10 Ma 左右的认识是吻合的(尹安,2006 年;Yin 等,1994 年;Quidelleur 等,1997 年)。因此,该断裂带总体上不属于区域活动断裂带或地震带。

2.2.2　贡多顶断裂(F_8)

贡多顶断裂西起席浪店嘎以西,经切村、贡多顶后,沿雅鲁藏布江南岸展布,止于真多村北,长约 58 km,近东西向展布,如图 2.8 所示。在雅鲁藏布江南岸公路边见该断裂出露。在 $K_2\pi\eta\beta$ 黑云二长花岗岩中发育宽 4~5 m 厚的破裂带,产状 3°∠80°,擦痕 282°∠49°,指示逆冲兼左旋性质,如图 2.9 所示。此外岩体中发育共轭节理(图 2.10),产状分别为 230°∠50°和 31°∠28°。

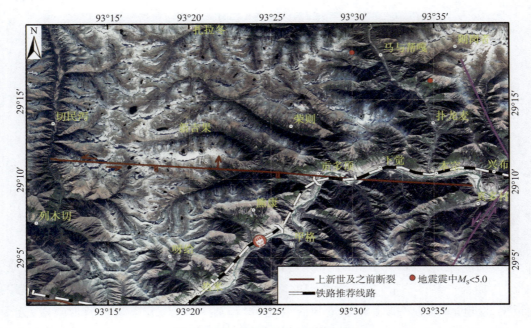

图 2.8 贡多顶断裂(F_8)平面位置图

图 2.9 岩体中左旋逆冲滑动面(SE)

图 2.10 岩体中共轭节理(SE)

虽然沿断裂局部可见沟槽地貌,但该断裂西段整体的遥感影像线性特征不明显,并且沿断裂无历史地震记录,表明它在第四纪以来基本无活动迹象,应为东西向老断裂,综合判定为 N_2 前断裂。

2.3 近南北向活动断裂鉴定

研究区内近南北向断裂(带)主要为沃卡—罗布沙地堑的边界断裂带(F_5)和邱多江地堑的边界断裂带(F_6),此外还有够屋断裂(F_7)、下觉断裂(F_{11})、进巴断裂(F_{12})、腔达断裂(F_{13})等。各断裂(带)特征及活动性分述如下:

2.3.1 沃卡—罗布沙地堑的边界断裂带(F_5)

F_5断裂带构成沃卡—罗布沙地堑南段的主断裂带,其中,F_{5-1}是该地堑西侧主边界断裂的一部分,F_{5-2}构成地堑东侧主边界断裂,F_{5-3}-F_{5-5}是该地堑中的次级断裂。这些断裂带主要是正断层活动性质,局部具走滑运动成分。由于该地堑是区域上最为显著的第四纪活动构造,它的边界断裂带在第四纪期间,特别是晚第四纪期间的活动强度将是主导该区地壳稳定性的主要因素。因此,在前期研究基础上,结合最新调查研究结果,对该地堑及其边界断裂带的特征与晚第四纪活动性进行重点分析。

1. 区域地质—地貌概况

沃卡地堑位于桑日县东部,该盆地在遥感影像上比较醒目,其东、西两侧被北东向—近南北向延伸的雪山所围限。该地堑大致分布于北纬29°10′~29°40′之间,北端至金珠乡一带,南端终止于罗布沙铁矿南侧附近,全长约50 km,沃卡地堑的遥感影像解译如图2.11所示。以沃卡东侧的德里母曲为界,其南、北两侧的盆地形态明显不同。其中盆地的北半部分宽15~18 km,呈近南北向,底部海拔4 000~4 600 m。而在沃卡以南,该地堑走向转为北东40°,宽度明显收敛变窄,由在沃卡附近的11 km左右转变为藏嘎—罗布沙一带的3~5 km,谷底海拔3 600~4 000 m。该盆地东、西两侧山地以出露始新世的二长花岗岩、晚白垩世的英云闪长岩和花岗闪长岩为主,局部分布晚白垩世的石英砂岩和火山沉积岩系。区域上看(图2.11),沃卡地堑在南、北两端分别被倾向南的泽当—仁布逆冲断裂带和总体倾向北的墨竹工卡—工布江达逆冲褶皱带中的分支断裂(雪拉—日多—帕洛断裂)限制,但横切了两构造带之间总体倾向北的沃卡韧性剪切带和玉帮子—坝乡等近东西向断裂带。地堑与近东西向构造带的关系表明,它应该是最近一次构造变形的产物。由于区域上近东西向构造活动所卷入的最新地层是形成于新近纪的罗布莎群和乌郁群,因此,沃卡地堑出现于中新世晚期或上新世以来。

雅鲁藏布江支流增曲从沃卡盆地的中部穿过,盆地东、西两侧的雪山构成该水系的主要源头。由于盆地紧邻雅鲁藏布江峡谷,增曲及其支流在盆地的中南部已经深切入盆地基底基岩之中,形成嵌入盆地中的宽谷—峡谷地貌。因此,在该盆地的大部分区域分布的是主要由二长花岗岩和花岗闪长岩构成的相对低缓的基岩山地,第四纪堆积物仅分布在切割山地的河谷中和盆地两侧靠近山前的山麓地带。前者以发育冲、洪积物为主，后者最常见的是冰碛和冰水沉积，局部可见与古冰川堰塞相关的湖泊沉积物。其中沃卡东南侧和金珠—胜利乡的东侧一带是该区第四纪堆积物最为发育、堆积厚度相对较大的区域。在盆地东侧山麓进行的初步地表调查结果表明，分布于山麓地带及上游古冰川谷中的冰碛物可大致区分为4套。

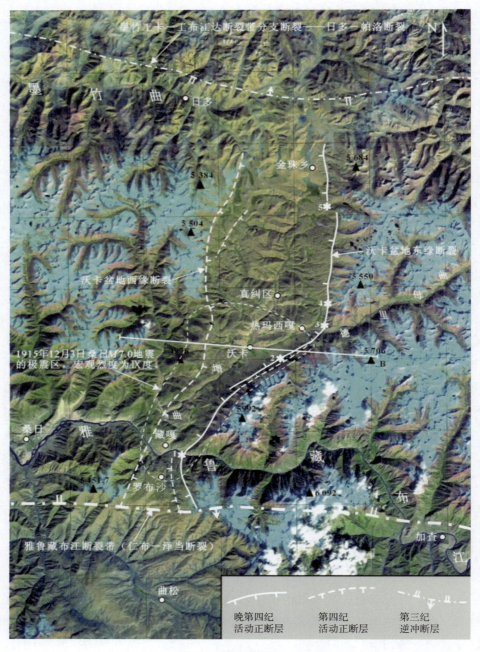

图2.11 沃卡地堑的遥感影像解译图（单位：m）

第一套是最老的一套冰碛物,已伸入到盆地中部的增曲河东岸附近,并且覆盖到基岩之上。它们一般残留在靠近盆地一侧的低山麓地带或两相邻冰川谷间的谷肩地带,局部保留终碛垄形迹,其顶部明显经过了比较长期的风化夷平,构成起伏数十米,但相对低缓的丘陵或高地,表层发育厚层土壤,仅零星分布大的花岗岩漂砾。沉积物一般以棕黄色～浅棕黄色花岗岩类砾石为主,一些砾石风化程度较高,用铁锤轻敲易碎。

第二套冰碛物常构成比较完整的高数十米至近百米的侧碛和终碛垄地貌,其终碛垄一般都伸出沟口1~4 km不等。该期沉积物明显比较新鲜,呈灰白色,地表风化夷平程度较低,在靠近终碛垄附近常呈起伏状,表层散布漂砾的垄状小丘或梁状地形,在遥感图上,沃卡乡北侧至金珠乡一带的东侧山麓地带,可容易地观察到其形态完好但凹凸感明显的影像特征。在藏嘎东北7~8 km的增曲东岸,可见该期冰碛物被TL年龄(83.2±7.1) ka BP的古堰塞湖堆积所切割,表明此套冰碛物大致形成于晚更新世之前。

第三套冰碛物多分布于冰川谷中,其终碛垄最远可伸至冰川谷出山口处或刚刚伸出沟口不远处,在沟口外侧是同期的冰水—洪积扇堆积。该期冰碛物的侧碛一般高出河谷十几米至二三十米不等,表层散布大量漂砾,土壤层较薄。

第四套冰碛物也是最新一期冰碛物,它分布在距离现代冰川或冰川谷尽头1~3 km范围内,具有形态完好的侧碛和终碛地貌,冰碛物新鲜,表层土壤发育较差,终碛垄内常发育有现代冰川堰塞湖,遥感图上常见其包含至少2~3道终碛垄,此期冰碛物应该是所谓的全新世新冰期和小冰期的产物(中国科学院青藏高原综合科学考察队,1983年)。

对第二套冰碛物进行初步的TL年代学测试发现(表2.2),该期冰碛物形成于深海氧同位素阶段MIS6期间,即对应所谓的倒数第二次冰期。而与第三套冰碛物同期的冰水和洪积物的TL年龄测试结果表明,它们都是末次冰期盛冰期的产物。

2. 主边界断裂带及其活动性

沃卡地堑是错那—沃卡裂谷带中边界断裂带活动最显著的地段。从遥感图(图2.11)和地形图(图2.12)可以看出,该盆地东、西两侧的盆—山边界的线性特征都比较好,表明其受到东、西两条边界断裂带的控制(这里分别将其称作沃卡盆地西缘断裂带和东缘断裂带),具有比较典型的地堑地貌特点。总体上,盆地边界断裂的走向与盆地的形态基本一致(图2.11),在沃卡以南,其东、西两侧边界断裂向南都穿过雅鲁藏布江河谷并延伸至罗布沙铁矿区的南侧(图2.13),断裂带长为22~30 km,整体呈北东30°~60°走向;其中,东缘断裂在雅鲁藏布江南侧走向有所变化,逐渐转为北北西走向。在沃卡北侧,该断裂带长为26~30 km,为北东5°~10°走向。其中,西侧边界断裂向北延伸至托日山峰的东北侧,东侧边界断裂向北延伸至金珠乡东北侧山前一带。

表 2.2 沃卡地堑和邱多江地堑晚第四纪沉积物和断层岩的年代学测试结果及其对断裂边界断裂带垂直活动速率的约束结果一览

编号	采样地点	样品名称	地貌部位	海拔 (m)	测试结果 (ka)	垂直断距 (m)	垂直活动速率 (mm/a)	校正速率 (mm/a)
1	邱多江地堑	距顶约 1.1 m 灰黄色中细砂	断层上升盘,拔河为 1~2 m 的洪积扇上部	4 813	16.9±1.4	>7.7	>0.5	1.5±0.4
2	邱多江地堑	距顶约 0.6 m 灰黄色中细砂	断层下降盘,最新一期洪积扇上部	4 813	6.0±0.5	7.0±0.7	1.2±0.2	1.5±0.4
3	邱多江地堑	距顶约 1.1 m 灰黄色中细砂	断层上升盘,拔河为 20~30 m 冰川侧碛顶部	4 843	66.9±5.7	29.8±1.0	0.4~0.5	1.2~1.7
4	邱多江地堑	距顶约 0.7 m 灰黄色中细砂	断层上升盘,拔河为 20~30 m 冰川侧碛顶部	4 843	11.3±1.0	29.8±1.0	2.3~3.0	1.2~1.7
5	邱多江地堑	距顶约 1.3 m 灰黄色含砾中粗砂	断层下降盘,拔河为 20~30 m 冰川侧碛顶部	4 843	20.8±1.8	29.8±1.0	1.3~1.6	1.2~1.7
6	邱多江地堑	距顶约 1.0 m 灰黄色中细砂	断层下降盘,拔河为 20~30 m 冰川侧碛顶部	4 843	19.3±1.6	29.8±1.0	1.4~1.7	1.2~1.7
7	邱多江地堑	距顶约 0.6 m 灰黄色砂	断层下降盘,拔河为 10~15 m 冰川侧碛顶部	5 084	13.7±1.7	9.8±1.0	0.6~0.9	0.8±0.2
8	邱多江地堑	距顶约 0.4 m 灰黄色中细砂	断层下降盘,拔河 2 m 冰水扇顶部	5 084	6.9±0.6	4.6±0.4	0.7±0.1	1.0±0.3
9	邱多江地堑	距顶约 0.8 m 灰黄色中细砂	断层上升盘,拔河约 15 m 冰碛台地顶部	5 084	12.7±1.1	12.0±0.5	0.8~1.1	0.8~1.1
10	邱多江地堑	距顶约 0.5 m 灰黄色含砾中粗砂	断层上升盘,拔河约 15 m 冰碛台地顶部	5 084	38.3±3.3	12.0±0.5	>0.3~0.4	0.8~1.1
11	邱多江地堑	断层面上的断层膜	二十道班西北侧山前	4 837	5 068(ESR)	≥2.7±1.0	≥0.5	
12	桑日沃卡乡	距顶约 0.6 m 灰黄色中细砂	断层下降盘,拔河约 20 m 冰水扇顶部	4 359	23.6±2.0	16.0±1.0	0.7±0.1	1.3±0.3
13	桑日沃卡乡	距顶约 0.9 m 灰黄色中粗砂	断层上升盘,拔河约 30 m 冰水扇顶部	4 436	25.2±2.2	24.0±1.5	0.8~1.1	0.9~1.4

续上表

编号	采样地点	样品名称	地貌部位	海拔 (m)	测试结果 (ka)	垂直断距 (m)	垂直活动速率 (mm/a)	校正速率 (mm/a)
14	桑日沃卡乡	距顶约 1.3 m 灰黄色含砾中细砂	断层下降盘，拔河约 30 m 冰水扇顶部	4 436	32.0±2.7	24.0±1.5	0.8±0.1	0.9~1.4
15	桑日沃卡乡	距顶约 1.1 m 含砾中粗砂	断层崖上，拔河为 20~25 m 冰水扇断坡上	4 747	29.1±2.5	13.7±0.5	0.5	1.1±0.1
16	桑日沃卡乡	距顶约 0.8 m 灰黄色含砾中粗砂	断层下降盘，拔河为 10~15 m 冰水扇上	4 747	23.3±2.0	13.7±0.5	0.6	1.1±0.1
17	桑日沃卡乡	距顶约 1 m 灰黄色中细砂	断层下降盘，拔河为 10~15 m 冰水扇上	4 747	24.6±2.1	13.7±0.5	0.5~0.6	1.1±0.1
18	桑日沃卡乡	距顶约 0.9 m 灰黄色含砾中粗砂	拔河约 60 m 第二套冰碛垄上	4 616	132.5±11.3	50~90	0.4~0.7	0.4~0.9
19	桑日沃卡乡	距顶约 2 m 棕黄色中粗砂	拔河为 120 m 第二套冰碛垄上	4 096	173.8±14.8	50~90	0.3~0.6	0.4~0.9
20	桑日沃卡乡	距顶约 1.6 m 青灰色中细砂	拔河约 120 m 第二套冰碛垄外侧	3 916	141.2±12.0	50~90	0.3~0.7	0.4~0.9
21	桑日沃卡乡	距地表约 4 m 灰绿色粉砂质粘土	拔河约 60 m 冲积阶地的下伏湖相层上部	3 807	83.2±7.1			

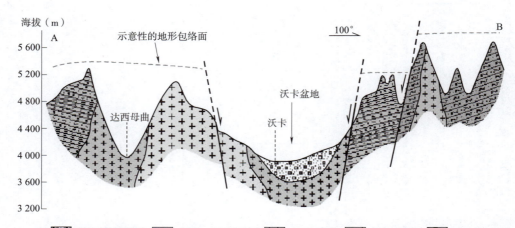

图 2.12　沃卡盆地的地质—地形横剖面图

图 2.13　桑日县藏嘎村沃卡盆地东缘断裂切过雅鲁藏布江的断层地貌

沿沃卡盆地西缘断裂带，可观察到整体线性特征好、断续分布的高为 150～200 m 的线性基岩陡崖和三角面，以及顺断层发育的线性沟谷地貌。遥感解译发现，该断裂局部可包含 2～3 条次级断层，其断层崖局部切过冰川谷或冰碛台地。该断裂东、西两侧的地形也存在明显区别，西侧为地势起伏大、冰川—河流侵蚀切割形成的高山深谷地貌，山峰高程多集中在 5 300～5 500 m。而东侧下降盘一侧为地势起伏较小、顶部相对平缓的山地，山地经后期古冰川刻蚀和河流侵蚀切割后成为盆地中高出谷底 300～500 m 的高台地，其顶部海拔一般为 4 600～4 900 m，向南侧下降为 4 000～4 500 m，其中，在台地北侧还耸立着几个海拔 5 000 m 左右的山峰。因此，跨过该边界断裂带的地形高差可达 300～600 m。但总体上看，跨断裂带的地势反差有限，沿该断裂带也很难观察到错动晚第四纪地质地貌体的确切证据，并且局部地段的断裂形迹在经历了后期的冰川和河流的侵蚀夷平作用后已很难辨认，表明其晚第四纪活动性不明显，它应该属于第四纪曾经活动但晚第四纪已基本不活动或活动性不明显的断裂带。

经遥感解译和地表调查发现,沃卡盆地东缘断裂带的活动性明显比其西侧边界断裂显著。首先,跨过该断裂的地势高差极为显著,其东侧的山地平均海拔明显高于西侧山地(图2.11和图2.12)。在该断裂带东侧,冰川刻蚀山地的主要山峰高度多出现在5 500 m以上,最高可达6 092 m,而断裂西侧为断陷盆地,沿山麓地带堆积了厚层的第四纪冰碛——冰水沉积物,其山麓面在沃卡以北海拔为4 700～4 800 m,沃卡南部海拔为4 200～4 400 m。总体上看,跨断层的地形高差在北部较低,为500～800 m,而在南部可达800～1 200 m。

其次,无论是遥感解译还是地表观察都可以发现,沿该断裂的线性影像和断层地貌更加显著。高耸的断层三角面线性特征极好,几乎连续地从盆地东南端向北延伸至东北端(图2.11～图2.14),并且沿断裂多处可见发育线性的断层崖切过冰川谷和晚第四纪地质—地貌体的现象(图2.15和图2.16),表明该断裂带晚第四纪期间存在明显活动。极为显著的地形反差、特征显著的活动断层地貌和明显的晚第四纪错动现象等特征都充分表明,沃卡盆地东缘断裂是控制该地堑发育的主边界断裂。

图2.14 沃卡盆地东侧线性分布的山前断层三角面

图2.15 沃卡盆地东缘断裂垂直错动山前冰水扇面

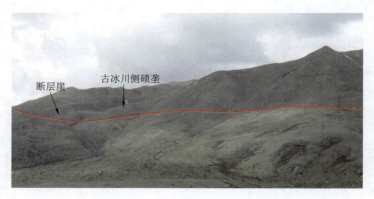

图 2.16　山前断裂垂直错动冰川侧碛及断层三角面地貌

另外,穿过沃卡盆地南段的雅鲁藏布江河谷形态的变化也证实了这一点。因为雅鲁藏布江河谷在桑日的东、西两侧都为典型的宽谷地貌,在宽 1～2 km 的河谷中发育典型的辫状河,其中堆积了厚层冲积物。而在藏嘎西侧,当河谷从沃卡盆地西缘断裂带西侧穿过时,在河谷两侧的基岩岩性变化不大的情况下,该断裂西侧约 4 km 范围内的河谷却突然变窄为 200～300 m(但仍具有车辆通行条件),河谷两岸基岩裸露,暗示断层西侧的山地抬升是造成河流强烈下切和河谷变窄的主要原因。进入地堑之后,河谷又略展宽至 500 m 左右,但河谷穿过盆地东缘断裂带进入东侧的断层上升盘后,在到加查之间的宽约 30 km 的河段中,河谷变得极为狭窄(即为所谓的"加查峡谷"段),仅宽几十米至百米,河谷全被河流所占据,以至于车辆无法通行(从桑日至加查县需要从曲松县东翻山绕道而行)。

雅鲁藏布江河谷的上述断裂两侧断块升降运动密切相关的显著变化表明,在沃卡地堑东侧,断裂活动导致的山地抬升及相应的雅鲁藏布江河流的下切强度和范围都明显更大,沃卡盆地东缘断裂带第四纪期间的活动强度更大、影响区域更广。因此,无论是在最新的活动状况和活动强度方面,还是在控制范围方面,沃卡盆地东缘断裂带都明显是该区最重要的晚第四纪活动断裂带,也应该是区域内的主要控震断层。历史记载的 1915 年 12 月 3 日的桑日 M_S7.0 级地震的极震区范围表明(图 2.11),此次强烈地震应该是该断裂带近期活动的反映。因此,这里将其作为主要研究对象,并对其晚第四纪活动特征和活动速率进行重点分析。

沃卡盆地东缘断裂带,从南到北可观察到多种断裂第四纪和晚第四纪活动的地质、地貌证据。宏观地貌上看,沿沃卡盆地东缘断裂带,断层三角面的高度具有南端翘起,向北端倾伏变低的特点,表明其南段的活动强度大于北段。其中在该断裂带南段的藏嘎村东(图 2.11 中位置"1"),断裂垂直错动花岗岩体的现象比较显著,如图 2.13 所示。此处也是雅鲁藏布江入峡谷处,在其南两侧,断裂垂直错动花岗岩体形成高 200 m 左右的基岩断层崖,并有顺陡倾的断层破裂带发育线性的沟谷和线性分布的滑塌现象,在断崖下部可见碾磨和蚀变明显的断层破碎带与断层摩擦面,其产状为 $255°\sim260°\angle60°\sim62°$。在该位置的北侧,断裂西侧为顶部相对平坦、海拔为 4 300~4 400 m 的花岗岩台地,而东侧的花岗岩山地达 5 600 m 以上,之间的断层三角面高 1 200 m(图 2.13),指示了断裂的强烈垂直活动特征。高耸的断层三角面一直到沃卡以东都非常显著,但在沃卡东南侧山前可分为高、低两级,显示了平行分布的阶梯状断裂特征,如图 2.11 和图 2.14 所示。在堆曲果东侧沟口发现(图 2.11 中位置"2"),断裂带的最新活动发生在靠近盆地一侧的次级断裂上。在该位置可观察到断裂垂直错动末次冰期冰水扇和全新世坡积物的现象。其中,沟北侧冰水扇上的断层崖保存很好(图 2.15),而在该沟的南侧,顺断层崖有后期的侵蚀切割作用,通过地形剖面测量,对断层崖两侧的地貌进行恢复后可知,该处末次冰期冰水扇的垂直断距为(24.0 ± 1.5)m(图 2.17),而沟南侧谷坡处的全新世坡积物的垂直断距为(3.7 ± 0.4)m(图 2.17)。在断裂带北段,最高一级断层三角面的高度有所降低,大多在 400~600 m,但沿断裂带的晚第四纪活动证据依然明显,其中在热玛西嘎和真纠区东侧山前(图 2.11 中位置"3"和"4"),可观察到与堆曲果东类似的末次冰期冰水扇被垂直错动的现象,皮尺测量结果表明,上述两处冰水扇的垂直断距分别为(16.0 ± 1.0)m 和(13.7 ± 0.5)m,如图 2.17 所示。其中,在图 2.7 中位置"4"的北侧,还可见倒数第二次冰期的冰川侧碛垄被断裂垂直错动所形成的高度介于 50~90 m 之间的断层崖,如图 2.16 所示。

向北到爬那朗一带(图 2.11 中位置"5"),断裂向左斜列分布,在斜列处的冰川谷沟口未见明显的晚第四纪地貌体错动现象。在爬那朗北,断裂三角面高度进一步降低到 300 m 左右,但在金珠乡以南段,沿断裂带的晚第四纪错动迹象在遥感图像上仍清晰可辨,但向北逐渐消失于金珠乡东北侧的山前地带。

3. 断裂活动速率分析

根据野外观察到的该区晚第四纪地质—地貌体的相对时代,并结合 TL 年代学测试结果可知(表 2.2),50~100 m 的垂直断距约形成于倒数第二次冰期以来(MIS6 之后),断距为(24.0 ± 1.5)m、(16.0 ± 1.0)m 和(13.7 ± 0.5)m 的冰水扇形成于末次盛冰期,断距为(3.7 ± 0.4)m 的坡积物覆盖在末次盛冰期冰水扇的侧缘,可能形成于全新世,大致对应于邱多江盆地西侧山麓地带的全新世堆积。根据上述的各地貌体时代及相对应的断距可初步估算出沃卡东缘断裂带的晚第四纪垂直活动速率(表 2.2),发现其倒数第二次冰期以来的垂直活动速率应为 0.3~0.7 mm/a。末次盛冰期以来的断裂垂直活动速率为 0.5~1.1 mm/a,平均值可取(0.8 ± 0.3)mm/a,如图 2.17 所示。如果采取前述的方法对地貌体的错动时代进行校正(表 2.2 和图 2.17),可获得对断裂活动速率更准确地约束,此时该断裂带倒数第二次冰期以来的垂直活动速率应为 0.4~0.9 mm/a。末次盛冰期以来的断裂垂直活动速率为 0.9~1.5 mm/a,平均值可取(1.2 ± 0.3)mm/a,如图 2.17 所示。

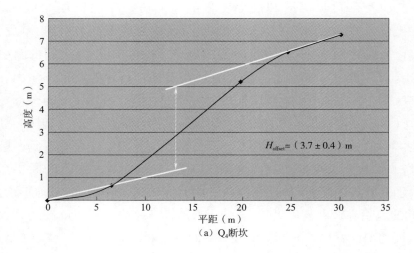

(a) Q_4 断坎

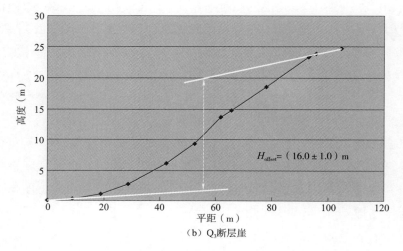

(b) Q_3 断层崖

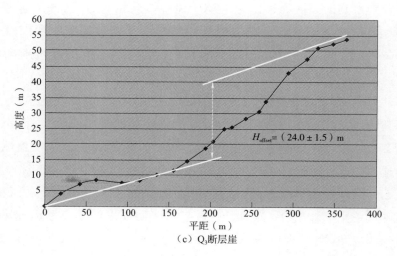

(c) Q_3 断层崖

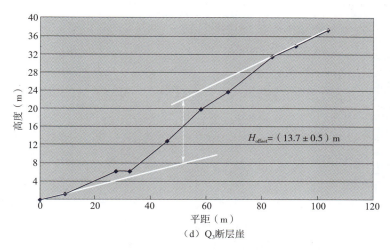

(d) Q_3 断层崖

图 2.17　沃卡盆地东缘断裂的晚第四纪断层崖实测剖面

综合上述分析结果，可以初步得出以下结论：沃卡地堑是西藏东南部横切拉萨地块和喜马拉雅地块 N15°E 走向的错那—沃卡裂谷的北段，该地堑反映出的区域现今伸展变形方向大致为 N105°E。它在空间上具备对称式的地堑特征，其主边界断裂带位于该地堑东侧，晚第四纪活动特征明显，并且该主边界断裂带也是该区主要的晚第四纪活动断裂带和控震断裂带。其中，主边界断裂带 MIS6 以来的晚第四纪平均垂直活动速率为 0.3～0.9 mm/a；而末次盛冰期以来的断裂垂直活动速率集中在 1.2 mm/a 左右，1915 年沿沃卡盆地东缘断裂带发生的 $M_S7.0$ 级地震，以及沿断裂带末次盛冰期以来的垂直活动速率明显大于倒数第二次冰期以来的平均活动速率的现象都充分说明，上述两条断裂带近代处于比较活跃的阶段。

2.3.2　邱多江地堑的边界断裂带（F_6）

F_6 断裂带构成了错那—沃卡裂谷中邱多江地堑的边界断裂带。其中，F_{6-1} 为邱多江地堑的主边界断裂带，为整体倾向东侧的正断层活动性质，局部有走滑成分，晚第四纪活动性比较显著。F_{6-2} 是分布该地堑东部的次级边界断裂，遥感影像上的断裂线性形迹较明显，但地表很难观察到明显的断裂活动迹象。因此，可能属于第四纪早期曾经活动或晚第四纪活动性很弱的断裂。与沃卡—罗布沙地堑类似，该地堑也是区域上比较显著的活动性断陷盆地，并且临近拉林铁路优选线中的曲松段比选线路，因此，这里根据已有的调查研究结果，对该地堑及其主边界断裂带进行比较全面的重点分析。

1. 区域地质—地貌概况

在遥感图像（图 2.18）上可以清楚地观察到，在曲松县南部的邱多江一带分布着一个整体呈北北东向展布的宽阔谷地，其东、西两侧被醒目的同样呈北北东向延伸的雪

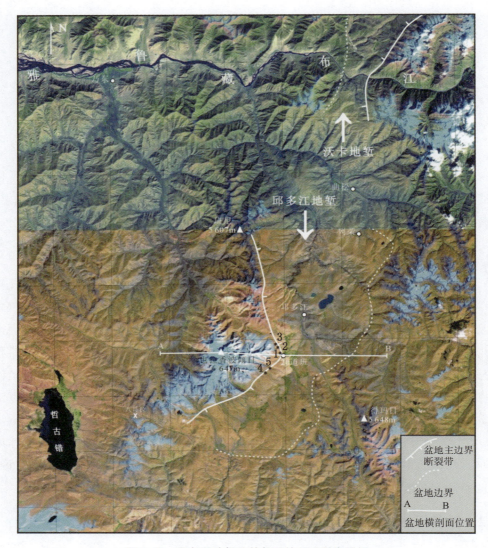

图 2.18 邱多江地堑及其邻区的遥感影像特征

山山脊所围限,这一谷地就是邱多江地堑。其范围从雄曲北侧支流(容扎曲)上游的桑佐附近向北一直延伸至海拔 5 607 m 的班尼峰东侧的尼雄—列荣一带,全长 37 km 左右。该断陷盆地表现为地表起伏较大的宽阔谷地,最宽处接近 20 km,最窄处为 11 km 左右,底部海拔为 4 400~4 500 m。邱多江地堑主要分布两个河流体系,北部被雅鲁藏布江支流(四曲那玛河)的上游水系所占据,盆地东、西两侧的雪山构成该水系的源头。在邱多江以北,该水系深嵌入盆地基底中,切割深度达 200~300 m,形成深切峡谷地貌。在该水系的中上游及河流之间的平缓台地上可见厚数十米至上百米不等的河湖相地层出露,它们基本代表了该盆地早期的沉积记录,在此套河湖相地层之上不整合覆盖了中更新世以来的冰水—冰碛砾石层。向水系源头,沉积物主要为厚上百米的多套冰碛—冰水砾石层。邱多江盆地的南部被雄曲支流容扎曲所占据。该河流也以盆地东、西两侧的雪山为主要水源地,区域内主要分布厚数百米的中更新世以来形成的冰碛物和冰水沉积物。邱多江盆地的西侧耸立着海拔 6 647 m 的也拉香波倾日雪峰,围绕该主峰还分布着多个海拔 6 000 m 以上的山峰。向南、北两侧延伸,该雪山的主山脊海拔略有降低,南侧逐渐降低至 5 500 m,北侧降低至 5 600 m 左右。该雪山的西南侧发育相对短而窄的近南北向凹陷谷地(哲古错湖盆),盆地的东侧山地相对低缓,多数较高山峰的海拔集中在 5 300～5 500 m,最高峰得玛日海拔为 5 648 m。

1∶250 000 区域地质调查表明(云南省地质调查院矿产调查所,2004 年),邱多江盆地恰好从也拉香波片麻岩穹窿偏东一侧横切而过,如图 2.19 所示。在该盆地的西侧山地可以观察到该片麻岩穹窿主体的岩石组合序列,其核部为中新世的二云二长花岗岩侵入体,向外为以变粒岩、片岩、片麻岩和混合岩等岩石组合为特征的具明显韧性变形特征的晚元古代—寒武纪变质岩系,最外侧是倾向外侧的低角度正拆离断层相隔的一套晚三叠世的以变质石英砂岩、粉砂质变质岩和砂岩为主的沉积盖层。在盆地的东侧山地,岩石组合特征与西侧相似,只是由于剥蚀程度的不同,该区片麻岩穹窿出露的范围和层次都不如西侧显著,如图 2.19 所示。

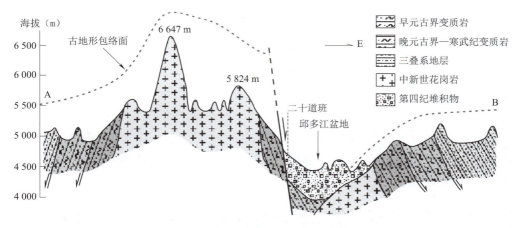

图 2.19　邱多江盆地地质—地形横剖面图

2. 主边界断裂带及其活动性

与错那地堑类似,邱多江盆地两侧山地的地势也具有明显的整体不对称性(图 2.18 和图 2.19),其西侧山地明显高出东侧山地数百米,而山脉主峰的高差则相差近千米。同时,与盆地西侧相对规则和线性特征更为醒目的盆山边界相比,其东侧边界显得不规则和曲折度更大(图 2.18)。上述宏观地貌特征表明,控制该盆地第四纪发育的主边界断裂带应该位于其西侧。地表调查结果也证实了上述观点,沿盆地的西侧边界可以明显地观察到线性分布的断层三角面、断层摩擦镜面、错动晚第四纪地貌体的断层崖和古冰川悬谷等多种指示以正断层活动为主的地质、地貌证据,表明控制邱多江盆地断陷的是位于该盆地西侧山前以正断层活动为主的边界断裂带(这里称作邱多江盆地西缘断裂)。

通过地形图和遥感地质解译可以发现(图2.18),该断裂带大致以邱多江盆地西侧的二十道班为转折端,整体以N106°E方向为镜像对称轴呈向南东东方向凸出的"机翼"形展布。其北端可延伸至班尼雪峰的东侧,西南端终止于八哥拉东侧山前附近,全长约40 km。在二十道班的南侧,该断裂带大致沿基岩与山麓第四纪冰碛物的边界展布于海拔5 000 m及其以上的山前地带,其走向为N46°E,全长16～18 km。在遥感图像上可解读到该断裂局部错动晚第四纪冰碛台地或侧碛垄所形成的线性影像。在二十道班的北侧,断裂走向转为N14°W,全长约22 km。沿此段断裂发育显著的断层三角面,在二十道班—扎拉错之间,断裂形迹出露于4 800～5 000 m高度,向北西方向,断裂带紧邻西侧的主山脊分布于海拔5 200 m左右高度上,切过基岩山地和其中的冰川谷,线性特征更为显著。

在二十道班西北侧山前(图2.18中位置"1"),可以观察到沿山前分布的线性特征显著的断层三角面地貌,在断层三角面底部与第四纪堆积物的接触带上发育有山前高角度正断层错动花岗片麻岩所形成的断层摩擦镜面,如图2.20和图2.21所示。该点恰好位于断裂走向变化的转折端,在该点的北侧,断层摩擦面的产状为75°∠56°,其上擦痕产状为120°∠45°～50°,指示具右旋分量的正断层性质,如图2.20所示。从此处向南,发现断层面产状逐渐向西南方向偏转为115°～120°∠53°～55°,其上擦痕的产状则转变为105°～125°∠55°,指示几乎纯倾向滑动的正断层活动性质。此处的断层摩擦面发育在厚度为2～3 cm的断层膜的表层,断层膜明显是断层滑动过程中花岗质片麻岩顺断层面部分熔融后再结晶的结果,其中还隐约可见被隐晶质的硅质成分重新胶结的断层角砾。利用电子自旋共振法(ESR)对硅质断层膜进行年代学分析获得的年龄值为距今5.07 Ma,它代表了岩石因为断层摩擦重新熔融后再结晶的时代,暗示此处的高角度正断层至少在上新世就已经出现。

图2.20 邱多江盆地及其西侧山前的断层三角面地貌(WS)

图 2.21 山前正断层上的摩擦面及擦痕（W）

从二十道班沿山前向北北西方向，可以观察到一系列断裂垂直错动晚第四纪地貌体的现象。在二十道班西北—小型冲沟的沟口（图 2.18 中位置"2"），山前正断层的垂直活动冲沟形成悬谷地貌，在断层西侧的上升盘，发育两期洪积物，早期洪积物被冲沟切割了 1~2 m，顶部发育土壤层，其下为中细砂层和磨圆、分选都较差的砾石层，晚期的洪积物切割或覆盖早期堆积物，大致沿现今冲沟底部分布，显然属于冲沟中的最近一期沉积物，应该形成于全新世中晚期。在断层的下降盘，上述两期洪积物构成叠置关系。跨断层的测量结果表明，悬谷所反映的断层垂直位移量为 (7.0 ± 0.7) m，如图 2.22 所示，这代表了断裂全新世期间的位移量。向西北方向至一小型古冰川谷的谷口（图 2.18 中位置"3"），可见沟口两侧分布高 160 m 左右的古冰川侵蚀台地，在切割台地的冰川谷中形态保存较好的末次冰期的冰川侧碛垄被山前正断层垂直错动（地表未见明显的走滑位移），经地形恢复后的垂直断距为 (29.8 ± 1.0) m，如图 2.23 和图 2.24 所示。在断裂的南段，由于受不规则的山谷冰碛地貌的干扰，断裂在第四纪地貌体上的形迹难以辨认。

在二十道班西南侧两个相邻的中型冰川谷出山口附近，可以观察到云母片岩中产状比较稳定的断层摩擦面和产状为 110°~130°∠20°~30° 的云母片岩在靠近山前断裂带处发生牵引变形，发生产状变陡的现象。其中在南侧的冰川谷中，可以观察到末次冰期的冰碛台地上发育有沿断裂分布的高 10~15 m 的陡崖地貌，陡崖延伸至河床上转变为高数米的悬谷地形，这可能是山前正断裂垂直错动第四纪地貌体的形迹，通过地表测量发现，末次冰期冰碛台地的垂直断距为 (12.0 ± 0.5) m（图 2.24），全新世悬谷的断距为 (4.6 ± 0.4) m（图 2.22）。

综上所述，邱多江盆地西缘断裂不仅是控制邱多江盆地发育的主边界断裂，而且是晚第四纪，甚至全新世活动迹象都很明显的活动断裂带。根据该断裂的走向变化和断层面擦痕产状可以推断，控制断裂带活动的区域伸展方向应该是该断裂转折端所指向的 106° 方向。

3. 断裂活动速率分析

横跨盆地的地形剖面显示（图 2.19），盆底面与西侧隆升山地的主峰之间的地形高差

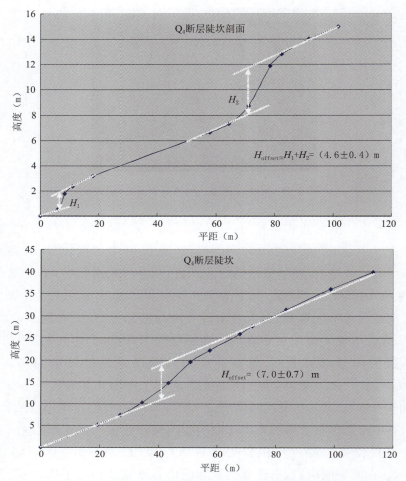

图 2.22 邱多江西侧山前错动 Q_4 地貌体的断层崖剖面

图 2.23 山前正断层错动末次冰期侧碛垄（WS）

可达约 2 200 m，而根据第四纪不同时期堆积物的地表出露厚度估计，盆地中松散堆积物的总厚度为 400～600 m，考虑到西侧山地长期处于强烈剥蚀状态，跨过西侧主边界断裂带的总垂直累计位移量为 2.6～2.8 km。如前所述，该边界断裂在约 5.07 Ma BP 已经出

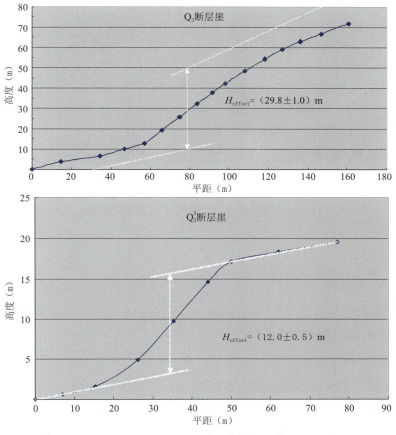

图 2.24　F_{6-1} 错动 Q_3 地貌体的断层崖剖面

现,其上新世以来的最小平均垂直活动速率应为 0.5 mm/a。在二十道班西北侧山前的图 2.18 中位置"2"处,在断层下盘的早期洪积物上部距顶约 1.1 m 处的砾石层与中细砂层之间所采集的中细砂的 TL 年龄为 (16.9 ± 1.4) ka BP(表 2.2);而在断层上盘一侧,从叠覆在早期洪积扇之上的晚期洪积扇的上部采集的灰黄色中细砂的 TL 年龄为 (6.0 ± 0.5) ka BP(表 2.2),表明早期洪积扇形成于晚更新世晚期,而最新的洪积扇形成于全新世。由于最新洪积扇的垂直断距为 (7.0 ± 0.7) m,根据上述两期洪积扇的时代可以估算断裂带全新世的最小活动速率大于 (0.4 ± 0.1) mm/a,平均垂直活动速率约为 (1.2 ± 0.2) mm/a(表 2.2)。同样,在图 2.18 中位置"3"和"4"处,根据断裂所错动的末次冰期以来不同时代地貌体的 TL 年代及其相对应的垂直断距对断裂带的晚第四纪活动速率进行估算后发现(表 2.2),估算所得的断裂活动速率值为 0.4~3.0 mm/a,结果比较分散。将估算结果在活动速率值分布图上进行统计发现,如果除去个别明显过高的和过低的估算值,其余的大多数速率值大致集中为 0.4~1.4 mm/a,平均值为 (0.9 ± 0.5) mm/a(图 2.25),这应该更接近断裂的实际活动速率。

考虑到地貌体的 TL 年代测试结果实际上代表的是沉积物堆积掩埋的大致时代,

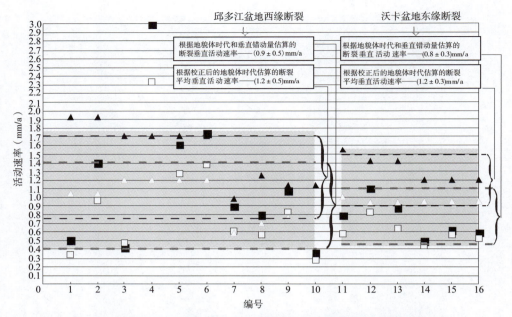

图 2.25 邱多江—沃卡盆地主边界断裂带晚第四纪垂直活动速率分布图

注：图中□和■分别代表根据地貌体的垂直断距及其测试年龄估算出的断裂最小和最大活动速率；△和▲分别代表根据地貌体的垂直断距及其校正年龄所估算出的断裂最小和最大活动速率。

而不是地貌体被切割或分离的时代，而地貌体的垂直位移量应该都发生在其被切割或分离之后。因此，为了获得更接近断裂实际活动速率的估算结果，需要结合地貌体的年代测试结果，根据冰川作用区地貌体发育与气候变化的对应关系来分析地貌体的切割或分离时代（即进行时代校正）。由于地貌体的切割或分离往往与冰期—间冰期或冰阶—间冰阶之间的气候过渡期密切相关，而上述用来约束断裂活动速率的晚第四纪地貌体基本都形成于末次盛冰期（32～15 ka BP）以来，末次盛冰期大致包含 3 个次级阶段，早期为寒冷阶段（32～24 ka BP），中期为相对较暖阶段（24～18 ka BP），晚期为最冷阶段（18～15 ka BP）。末次盛冰期之后为冰消期（15～11 ka BP），此阶段是区域上阶地切割的重要时期。末次冰消期之后进入全新世时期，全新世最重要的显著气候阶段是全新世大暖期（9～4 ka BP）和新冰期（4～2 ka BP）。其中最有利于地貌体被切割分离的阶段分别为末次盛冰期的中间阶段（24～18 ka BP）、末次冰消期（15～11 ka BP）和全新世大暖期与新冰期之间的过渡期（6～4 ka BP），这也是区域上河流或冰水阶地切割最为集中的三个时段。

参照邱多江盆地西侧 3 个不同高度断层崖或断层陡坎所切过的地貌体的 TL 测年结果，可以认为垂直断距分别为（0.7±0.7）m 和（4.6±0.4）m，（12.0±0.5）m 和（9.8±1.0）m，（29.8±1.0）m 的 3 套地貌体的切割或分离时间分别与上述的 3 个气候过渡期相对应，由此所估算出的断裂垂直活动速率值集中在 0.6～1.9 mm/a，集中程度明显好于直接根据地貌体测试时代和断距所计算的速率值，见表 2.2 和图 2.25。统计后认为,更为合理的平均速率值可取(1.2±0.5)mm/a,这一数值大于根据断裂两侧累计位移量所估算的断裂活动速率的下限,接近但略大于根据地貌体实测年龄值得到的断裂平均活动速率(0.9±0.5)mm/a。由于目前的研究区域主要集中在二十道班附近,所掌握的断裂活动资料还比较有限,并且在地貌体时代分析中所采用的TL方法也存在一定的局限性或不确定性。因此,对于长40 km左右的邱多江盆地西缘断裂活动速率而言,根据上述方法估算出的断裂活动速率实际上只是轮廓性的,但这一结果对于邱多江盆地西缘断裂晚第四纪期间的活动强度提供了重要约束,而对于断裂不同段落的活动差异性、断裂活动随时间的变化和断裂带上的全新世古地震活动等断裂活动细节问题,则尚需更深入的工作来解决。

2.3.3 够屋断裂(F_7)

够屋断裂北起陇马玉马以东,向南沿雅鲁藏布江展布,经过够屋后,止于太玛期南侧。全长40 km左右,断裂总体呈近南北向展布,如图2.26所示。

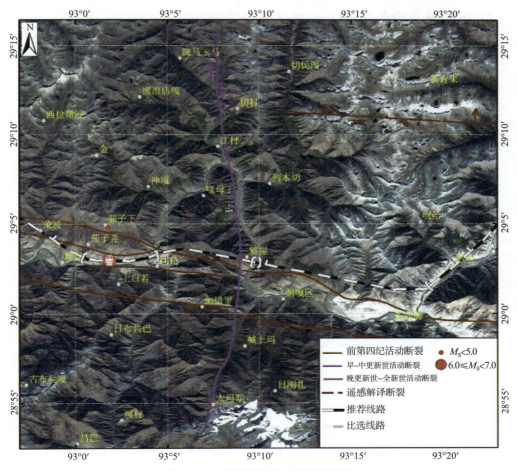

图2.26 够屋断裂(F_7)遥感影像图

在雅鲁藏布江东岸，Pt_1b 花岗闪长岩中见该断裂发育，断面产状为 245°∠52°（图 2.27），其上擦痕发育，产状为 325°∠27°、320°∠27°和 326°∠23°，显示右旋走滑性质，断裂破碎带宽 2 m 左右。该断裂在遥感影像上线性特征不明显，但控制雅鲁藏布江河流拐弯，沿断裂雅鲁藏布江河谷为峡谷地貌，如图 2.28 所示。该断裂南段穿越 Q_h^{al} 地层时，未见有错动迹象，说明该断裂可能第四纪早期曾经活动，但现今活动性不明显，考虑到断裂附近有弱地震活动，并且近南北向构造在现今构造应力场下易于重新活动。因此，综合判定其为 Q_{1-2} 活动断裂。

图 2.27　花岗闪长岩中发育的断层破碎带（N）　　图 2.28　断裂处的雅鲁藏布江峡谷地貌（S）

2.3.4　下觉断裂（F_{11}）

下觉断裂北起雅鲁藏布江以北，向南经雅鲁藏布江后，经下觉村，而后止于色崩北，全长约 16 km，总体呈南北向展布，断裂遥感影像如图 2.29 所示。

在雅鲁藏布江南岸公路边 $K_1\delta\sigma$ 花岗岩体中见该断裂发育。断面产状 265°∠81°，其上擦痕发育，产状为 160°∠12°，指示右旋逆冲性质，断面具明显的绿泥石化特征（图 2.30），断裂破碎带宽 2 m 左右。在该点北东侧公路边 $K_1\delta\sigma$ 花岗岩体，见次级断面（图 2.31），产状 337°∠89°，其上擦痕发育，产状为 250°∠48°、252°∠41°、252°∠41°，指示左旋正断特征，断面处具明显的绿泥石化特征，如图 2.31 所示。

沿该断裂地表发育有沟槽地貌，断裂经过雅鲁藏布江河谷时，对其有一定的控制作用。整体上看，地表调查显示该断裂现今活动不明显，此外沿该断裂无历史地震记录，综上判定该断裂为 Q_{1-2} 活动断裂。

2.3.5　进巴断裂（F_{12}）

进巴断裂北起吓那西侧，向南经进巴、章达后穿越雅鲁藏布江，止于尼当南东侧，总体呈近南北向展布，长约 30 km，断裂遥感影像如图 2.32 所示。

2 主要活动断裂调查与鉴定

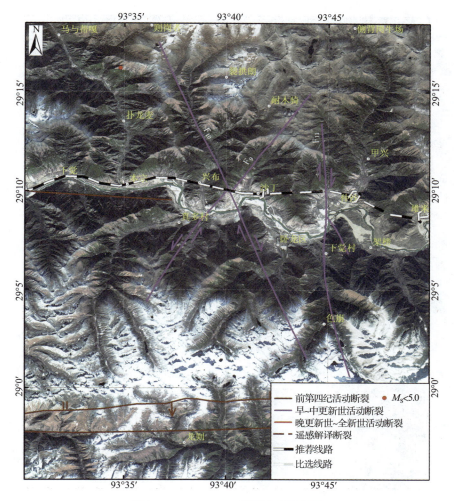

图 2.29 F_9、F_{10}、F_{11} 断裂遥感影像图

图 2.30 F_{11} 正断层破碎带上覆坡积层（S）

图 2.31 有绿泥石化滑动面的断层带（S）

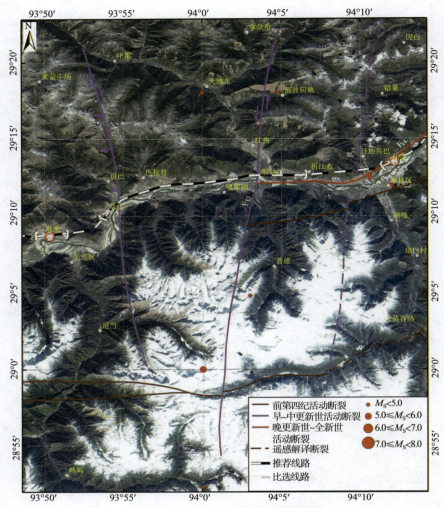

图 2.32 F_{12}、F_{13}、F_{19} 断裂遥感影像图

在雅鲁藏布江东岸,嘎玛日阿南公路边见该断裂出露。在 Pt_1b 花岗闪长岩中见宽 15~20 m 的大理岩。大理岩应系热液作用的产物。在大理岩东侧边界见宽 1~3 m 的断裂带,产状 270°∠88°,其上擦痕发育,产状为 280°∠85°、272°∠87°、280°∠87°,显示正断特征。大理岩西侧边界片理化发育,发育一次级断裂,其断面产状 58°∠75°,其上擦痕发育,产状为 50°∠75°、45°∠70°、42°∠75°,如图 2.33 和图 2.34 所示。该断裂面上绿泥石化特征明显。

从遥感影像上看该断裂线性特征较明显,并且对雅鲁藏布江河谷形态有一定的控制作用。但在地表调查发现,断裂穿越 Q_4 时,未见有显著的错动迹象,说明该断裂现今活动不明显,此外该断裂沿线未见有历史地震记录。综上,说明该断裂为 Q_{3-4} 以前的断裂,依据其地貌形态、断裂面特征与现今构造应力场的关系,综合判定其为 Q_{1-2} 活动断裂。

图 2.33　大理岩中断裂面（N）　　图 2.34　近南北向绿泥石片岩滑动面（N）

2.3.6　腔达断裂（F_{13}）

腔达断裂北起拿尕布东侧，向南经江热、腔达，而后穿越雅鲁藏布江，经普雄西侧，再往南，全长约 48 km，总体呈近南北向展布。断裂经过处形成明显的冲沟地貌，遥感影像上该断裂线性特征较明显，断裂遥感影像如图 2.32 所示。

在雅鲁藏布江北岸，腔达附近 Pt_1b 斜长角闪片麻岩中见该断裂出露，断裂产状为 94°∠74°，其上擦痕发育，擦痕产状为 10°∠22°、11°∠17°、11°∠20°，指示断裂左旋走滑性质。断裂破碎带宽为 4~5 m。该断裂切穿东西向雅鲁藏布江断裂带，沿断裂发生小于 5.0 级的弱震。在地表调查中，未见有显著的现今活动迹象，综合判定该断裂为 Q_{1-2} 以来活动断裂。

2.4　北东向和北西向活动断裂鉴定

北东向和北西向活动断裂在研究区比较发育，尤以北东向断裂为甚，但是规模相对较小。区内主要北东向断裂有明则断裂（F_2）、吓嘎断裂（F_3）、正嘎断裂（F_4）、真多顶断裂（F_9）、力底断裂（F_{14}）、普下—江雄断裂（F_{17}）、达希—大莫谷热断裂（F_{19}）、朗嘎村断裂（F_{20}）、八一断裂（F_{21}）等；主要北西向断裂有沙丁断裂（F_{10}）、啊扎—热志岗断裂（F_{18}）。其中，F_{17}、F_{18}、F_{19}、F_{20}、F_{21} 系遥感解译断裂，因 F_{20} 和 F_{21} 对铁路建设影响较小，不做详述。

2.4.1　明则断裂（F_2）

明则断裂北起邓萨替寺以北，南至隆莫日东，断裂总体走向北东，长约 50 km，如图 2.35 所示。在雅鲁藏布江北岸的明则北侧，在公路边坡花岗闪长岩见该断裂剖面。断裂在地表形成明显的沟槽地貌，如图 2.36 所示。断裂总体产状 300°~303°∠68°~81°，断面可见 1 cm 左右的断层泥，擦痕发育，指示逆走滑性质（图 2.37 和图 2.38），断裂破碎带宽 3 m 左右，具显著的劈理化特征。

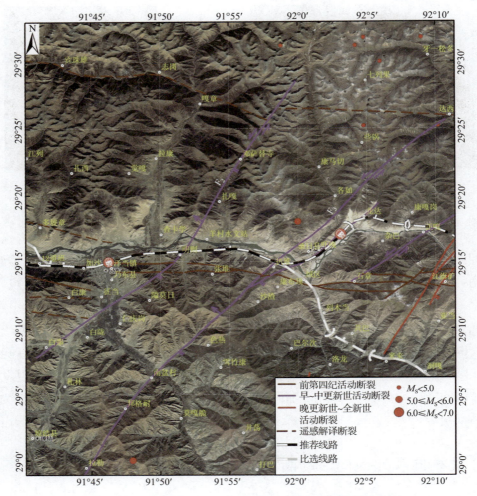

图 2.35 明则断裂(F_2)及扒堆断裂(F_3)遥感影像图

图 2.36　F_2 断裂在明则北形成沟槽地貌(N)　　图 2.37　F_2 断裂直立断面及擦痕特征(NW)

由于该断裂的上覆坡积物中未见有错断迹象(图 2.38),且沿该断裂无历史地震记录,说明该断裂现今活动不明显。但考虑到该断裂地貌特征较明显,在雅鲁藏布江南岸切穿东西向雅鲁藏布江断裂带,并在现今构造应力场下可能存在断裂局部复活,因此,综合判定其为 Q_{1-2} 活动断裂。

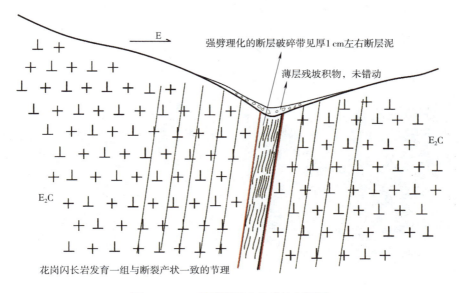

图 2.38　F_2 断裂明则北公路边剖面图

2.4.2　吓嘎断裂(F_3)

吓嘎断裂北起达西以南,向南经扒堆后,穿越雅鲁藏布江后经过南盆村,止于邦格耐以南。总体呈北东向展布,全长约 65 km。沿该断裂发育水系冲沟,形成明显的沟槽地貌,如图 2.35 所示。另外,在龙达—吓嘎一带还发育其次级断裂(F_{3-1}),长约 18 km。

在雅鲁藏布江北岸,吓嘎北东侧 800 m 左右,X302 公路边坡可见比马组(J_3K_1b)安山岩出露该断裂剖面。期中安山岩的面理产状为 265°∠25°,岩层中的断面产状为 340°∠78°/150°∠75°,其上擦痕发育,指示逆走滑性质,如图 2.39 和图 2.40 所示。

图 2.39　吓嘎北东侧公路边 F_3 断裂特征(W)　　图 2.40　吓嘎北东侧 F_3 断裂断面特征(W)

在雅鲁藏布江北,桑日大桥北北西 1 km 左右,该断裂带以叠瓦状逆断层形式出现,在花岗岩中发育两条逆冲断裂,产状分别为 352°∠26°(上部)、320°∠22°(下部),其间发育节理,节理产状为 324°∠65°,节理间距为 0.5～1.5 m,如图 2.41 所示。在该点北东侧 300 m 左右,在比马组(J_3K_1b)安山岩中同样发育有多条近于平行叠瓦状的逆冲断裂,总体产状为 325°∠42°,其间发育有多组节理,将岩体切割成碎块状,如图 2.42 所示。岩体上覆坡积物,未见有显著的错动迹象。

图 2.41 桑日大桥北公路边 F_3 断裂特征(E)   图 2.42 桑日大桥北公路边 F_3 断裂附近岩体强烈破碎

吓嘎断裂北东段对雅鲁藏布江形态有一定的控制作用,并且沿断裂水系冲沟发育。断裂北东段穿越 Q_4^{al},未见有显著的错动特征,说明该断裂 Q_4 以来不活动或者活动不明显。另外,历史地震记录,沿该断裂有一次 5.0 级地震发生,是否系该断裂引起,目前尚不可知。综上所述,判定该断裂主要是第三纪或之前活动的断裂带,在第四纪早期可能存在局部活动,可暂定为 Q_{1-2} 活动断裂。

2.4.3 正嘎断裂(F_4)

正嘎断裂北起沃卡区,向南经卡达后穿越雅鲁藏布江,止于正嘎以南,全长约 15 km,总体呈北东向展布。断裂经过处局部发育明显的冲沟地貌。在遥感影像上该断裂线性特征不显著,正嘎断裂遥感影像如图 2.43 所示。

在雅鲁藏布江北岸,卡达村附近 X302 公路边坡处,见该断裂剖面。该处出露比马组(J_3K_1b)条带状大理岩层,岩层面理产状为 82°∠30°。在岩层中见宽为 0.5～1.0 m、产状为 150°∠85°的走滑破裂带,断面上擦痕及擦槽发育,擦痕产状为 58°∠34°(图 2.44～图 2.47),指示左旋走滑性质。

正嘎断裂南西段穿越雅鲁藏布江南岸 Q_{3-4}^{pal} 地层,未见有明显的错动迹象,此外沿断裂未见有历史地震记录,说明该断裂应该是第四纪早期或之前曾经活动,但 Q_{3-4} 以来无活动或活动不明显的断裂,并且在现今地应力场环境下,该断裂带还可能存在局部复活或继承性活动。因此,综合判定该断裂为 Q_{1-2} 活动断裂。

2 主要活动断裂调查与鉴定

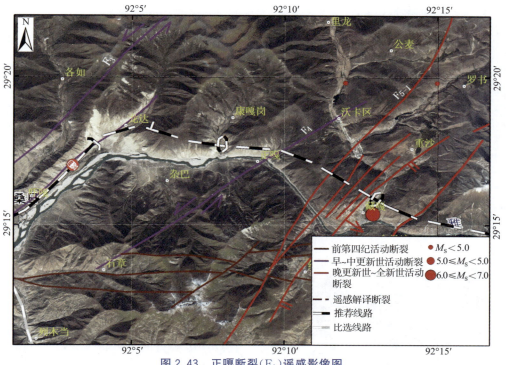

图 2.43　正嘎断裂（F_4）遥感影像图

图 2.44　F_4 断裂面及沟槽地貌（NE）

图 2.45　F_4 断裂断面及擦痕特征（NE）

图 2.46　F_4 断裂面显著的擦痕及擦槽特征（SW）

图 2.47　F_4 断裂面上斜向张节理（N）

2.4.4 真多顶断裂(F_9)

真多顶断裂北起耐木骑北东,向南穿越雅鲁藏布江后,止于真多村以南,全长约 25 km,总体呈北东向展布,断裂遥感影像如图 2.29 所示。在雅鲁藏布江南岸真多村处公路边,见该断裂出露。在 $K_2\gamma\delta o$ 中粗粒黑云母二长花岗岩岩体中见断裂面,产状 320°～331°∠69°～80°,如图 2.48 所示。另外在岩层中还见次级滑动面,产状 5°∠68°,擦痕产状 91°∠18°,指示左旋正断性质。

真多顶断裂向北东延伸,穿越雅鲁藏布江后在雅鲁藏布江北岸山坡形成凹槽地貌,从地貌上来看,还存在多个平行的北东向断裂,形成北东向断裂带,如图 2.49 所示。该断裂经过雅鲁藏布江,至雅鲁藏布江左旋偏转,但是在地表调查中未发现该断裂的全新世以来活动迹象,且沿断裂未见有历史地震记录,综合判定其为 Q_{1-2} 活动断裂。

图 2.48 滑动摩擦面(SW)

图 2.49 雅鲁藏布江北岸平行状 NE 向破碎带(NE)

2.4.5 力底断裂(F_{14})

力底断裂大致沿雅鲁藏布江北岸展布,西起腔达南,经力底、工布窝、嘎玛、米瑞,止于沽邦卡东,全长约 78 km,总体走向为北东～北北东向,如图 2.50 所示。

力底断裂主要发育于 Pt_1b 条带状片麻岩中,断裂总体倾向北东,具左旋逆冲性质。在雅鲁藏布江北岸,日阿南东 1 km 左右,Pt_1b 片麻岩中见该断裂发育。断面产状为 330°∠24°,面上擦痕产状 40°∠11°,指示左旋走滑性质。该断裂破碎带宽 3～4 m,断层角砾发育,以透镜状为主,如图 2.51 所示。另外,在岩体中还见两条次级小型逆断裂,如图 2.52 所示。

在雅鲁藏布江北西岸,力底南西 1 km 左右,该断裂构成 Pt_1b 片麻岩与 Kfw 千枚岩带。断裂下部千枚岩产状 325°∠37°,断裂产状与之一致;断裂上部片麻岩呈糜棱岩化,宽 5～6 m,面理产状 342°～354°∠44°～60°。断裂上覆砾石层,拔河高度 50～60 m,砾石层中无显著错动迹象,沿该断裂无历史地震记录,说明该断裂现今活动不显著。但该断裂对雅鲁藏布江形态具有明显的控制作用,并且遥感影像上线性特征较明显,判定其为晚更新世活动断裂。

2 主要活动断裂调查与鉴定

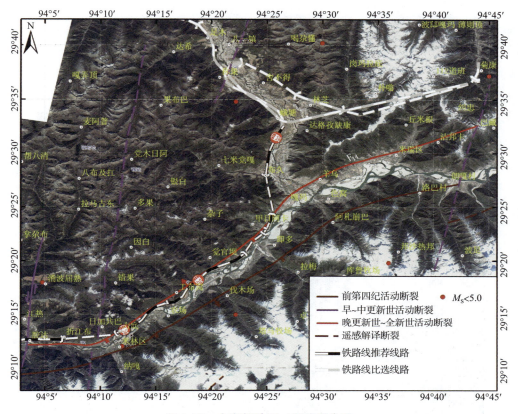

图 2.50 力底断裂(F_{14})遥感影像图

图 2.51 F_{14} 断层角砾透镜体为主的逆断层带(E)　　图 2.52 F_{14} 断层带的两条次级断面(W)

2.4.6 普下—江雄断裂(F_{17})

普下—江雄断裂北起普下以北,向南经康巴沙巴、昌果区,后穿越雅鲁藏布江,经杰德秀镇、朗杰学后止于江雄南,总体呈北东~南北向展布,全长约 50 km。沿断裂水系冲沟十分发育,形成显著的沟槽地貌。在断裂北东段发育线性陡崖及断层三角面地貌,断裂遥感解译如图 2.53 所示。地表调查,断裂发育不明显,无显著现今活动迹象,并且沿该断裂无历史地震记录。判定该断裂属研究区内北东向构造系,可能为第四纪早期活动断裂,并且该断裂与铁路线推荐线路近于垂交,在线路设计与施工过程中应引起适当注意。

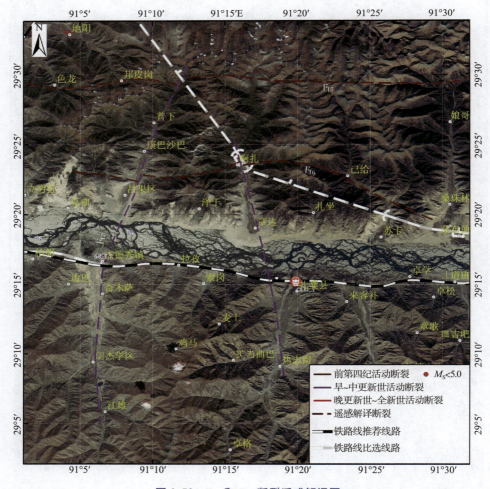

图 2.53 F_{17} 和 F_{18} 断裂遥感解译图

2.4.7 达希—大莫谷热断裂(F_{19})

达希—大莫谷热断裂为遥感解译断裂。断裂呈北北东向展布,全长约 70 km。沿断裂发育较明显的线性构造地貌,断裂北段尤其显著。地表调查未见该断裂明显的地表活动迹象,沿该断裂无历史地震记录,判定该断裂为第四纪早期活动断裂,该断裂与铁路线推荐线路近于垂直相交,现今活动性弱或极弱。

2.4.8　沙丁断裂（F_{10}）

沙丁断裂北起则岗者南,向南东方向延伸,经由沙丁西侧后,穿越雅鲁藏布江止于卧龙区西侧,全长约 23 km,断裂总体呈北西向展布,如图 2.29 所示。

在雅鲁藏布江东岸公路边,见该断裂出露。在 $K_2\gamma\delta$ 花岗岩中见多个北西向滑动面（图 2.54）：

（1）面 79°∠75°,面上见两期擦痕（图 2.55）,早期擦痕统计为 0°∠12°、356°∠12°、3°∠7°、0°∠20°、1°∠20°、358°∠11°,示右旋走滑性质；晚期擦痕为 125°∠72°、134°∠71°、126°∠73°、125°∠70°、124°∠68°、127°∠70°,示右旋正断性质；

（2）面 68°∠76°,擦痕产状为 344°∠5°、343°∠3°、346°∠4°；

（3）面 74°∠74°,擦痕产状为 350°∠7°、348°∠8°、348°∠5°；

（4）面 65°∠84°,擦痕产状为 343°∠1°、342°∠1°、342°∠2°。

综上,表明该断裂最新活动方式为右旋正断。

图 2.54　岩体中 NW 向滑动面（SE）　　图 2.55　断层面及两期擦痕（E）

地表可见沿沙丁断裂发育线性的冲沟,该断裂穿过雅鲁藏布江时对其形态有一定的控制作用,地表调查未发现该断裂晚第四纪和全新世活动迹象。另外,沿沙丁断裂没有历史地震记录,综上分析,该断裂全新世以来无明显活动,判定活动年代为 Q_{1-2}。

2.4.9　啊扎—热志岗断裂（F_{18}）

啊扎—热志岗断裂北起啊扎以北,向南经章达,穿越雅鲁藏布江后,止于热志岗南。断裂呈北西向展布,全长约 32 km。沿断裂冲沟水系发育,线性特征明显,断裂遥感解译如图 2.53 所示。而地表调查表明,断裂发育不明显,无显著现今活动迹象,且沿该断裂无历史地震记录。判定该断裂为研究区内北西向构造系,为第四纪早期活动断裂,地貌显示其现今活动性弱或极弱。

综上野外地质调查和遥感解译分析结果可知：

(1)研究区内主要发育有东西向、近南北向、北东向及北西向断裂或断裂带。

(2)近东西向断裂带以逆断为主,多为第三纪或之前的断裂带,第四纪以来未见明显的活动迹象。

(3)近南北向断裂多以正断为主,大部分的现今活动明显,地震活动较为频繁。

(4)北东向和北西向断裂规模相对较小,其中北东向断裂以左旋走滑为主,北西向断裂以右旋走滑为主,常在区域上构成共轭走滑断裂系,主要为第四纪早期活动断裂,在晚第四纪期间活动性大大减弱或仅局部活动。

3 地震活动性研究

3.1 地震活动特点

西藏自治区的历史地震记录最早开始于公元642年,其中以记录$M_S \geqslant 6.0$级地震为主,$M_S < 6.0$级地震记录大部分缺失。仪器地震记录开始于1900年,但1950年之前由于地震台网太少,$M_S \leqslant 5.0$级地震记录缺失,1950年以后的$M_S \geqslant 4.0$地震记录基本是完整的。通过收集27.5°~31°N,90°~95°E范围内1970年以后的仪器记录地震和28.2°~30.2°N,90.8°~94.5°E范围内1970年之前的历史地震记录(其中$M_S \geqslant 7.0$级地震的收集范围为28.0°~31.5°N,90°~96.8°E),发现研究区内记录到的$M_S \geqslant 5.0$地震至少73次(图3.1和表3.1),其中$M_S \geqslant 7.0$级地震8次,表明该区地震活动的整体水平较高,属于地震高发区。但地震活动的空间分布是不均匀的,它们明显地主要集中在前述的4个地震带中或全新世强烈活动的断裂带两侧,反映该区近东西向和南北向构造带对地震活动的控制作用,该区记录的多次$M_S \geqslant 7.0$级强震活动也无一例外地都沿全新世活动构造带发生。

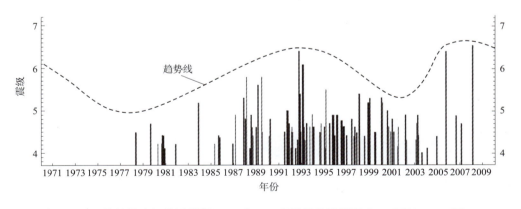

图3.1 拉林铁路沿线及其邻区$M_S \geqslant 4.0$级地震的地震强度—时间(M—t)图
(1970年以后,震源深度不大于33 km,区域范围为27.5°~31.0°N,90.0°~95.0°E)

1411年以来,西藏自治区共记录到$M_S \geqslant 7.0$强震8次,见表3.1,除了1951年崩错$M_S 8.0$级地震发生在外围的崩错断裂带上外,其余7次地震都发生在喜马拉雅山前地震带、亚东—谷露地震带北段和错那—沃卡地震带上。其中喜马拉雅山前地震带1871年以

表 3.1 拉林铁路沿线及其邻区历史记载以来的 $M_S \geqslant 5.5$ 级浅源地震的地震参数与控震构造带一览

拉林铁路沿线及其邻区历史记载以来的 $M_S \geqslant 7.0$ 级浅源地震参数与控震构造带（区域范围：28.0°～31.5°N，90°～96.8°E）

发震时间 年/月/日	震级 M_S	主要地震参数		极震区参数			控震断裂带及其特征				
		震中位置					控震断裂带及相关的区域构造带	断裂带（构造带）	断层参数		
		仪器震中	宏观震中	烈度	等震线长轴	面积（km²）			活动性质	走向	倾角	倾向
1411/09/28	8.0	30°10′N,90°30′E	拉萨当雄县羊八井镇	Ⅺ	北东向	1 400	念青古拉山东南麓断裂带中—南段（亚东—谷露裂谷带北段）		左旋正倾滑	北北东—北东	45°～65°	东南
1806/06/11	7.5	28°16′N,91°48′E	山南错那县西北	Ⅹ	近南北向	1 200	错那—桑日雅错断地西缘断裂（错那—桑日裂谷带南段）		正倾滑	北北东—南北	45°～65°	东
1871/06/00	7.5	28°00′N,91°30′E	山南洛扎县南	Ⅹ	—	—	喜马拉雅主逆冲断裂带		逆冲断裂	近东西	5°～25°	北
1915/12/03	7.0	29°30′N,91°30′E	山南桑日沃卡东	Ⅸ	—	—	沃卡盆地东缘断裂（错那—桑日裂谷带北段）		正倾滑	北东—南西	45°～65°	西
1947/07/29	7.7	28°36′N,93°36′E	山南隆子县东	Ⅺ	—	>1 000	喜马拉雅主逆冲断裂带		逆冲断裂	近东西	5°～25°	北
1950/08/15	8.6	28°24′N,96°42′E	林芝察隅县西南	Ⅻ	北西	900	喜马拉雅主逆冲断裂带		逆冲断裂	北西—北西西	5°～25°	北东
1951/11/18	8.0	31°06′N,91°24′E	西藏那曲—当雄县之间	Ⅺ	北西	—	崩错断裂带		右旋走滑	北西—北北西	80°～85°	—
1952/08/18	7.5	31°00′N,91°30′E	拉萨当雄县谷露镇	Ⅹ	南北向	1 000	念青古拉山东南麓断裂带北段		正倾滑	北北东—南北	45°～65°	东

拉林铁路沿线工程场地历史记载以来的 5.5≤M_S≤7.0 级浅源地震的地震参数与控震构造带（区域范围：28.2°～30.2°N，90.8°～94.5°E，除注明外，都为震源深度小于 33 km 的浅源地震）

发震时间 年/月/日	震级 M_S	主要地震参数		极震区参数			控震断裂带及其特征			
		震中位置					控震断裂带及相关的区域构造带 断裂带（构造带）	断层参数		
		仪器震中	宏观震中	烈度	等震线长轴	面积（km²）		活动性质	走向	倾角	倾向
1808/08/16	5.5	28°24′N,92°18′E	山南地区隆子县	Ⅶ	—	—	错那—拿日雍错盆地西缘断裂（错那—桑日裂谷带南段）		正倾滑	北北东—南北	45°～65°	东

续上表

拉林铁路沿线工程场地历史记载以来的 5.5≤M_S≤7.0 级浅源地震的地震参数与控震构造带
(区域范围:28.2°~30.2°N,90.8°~94.5°E,除注明外,都为震源深度不大于 33 km 的浅源地震)

发震时间 年/月/日	主要地震参数			极震区参数			控震断裂带及其特征			断层参数		
	震级 M_S	震中位置		烈度	等震线长轴	面积(km²)	控震断裂带及相关的区域构造带		活动性质	走向	倾角	倾向
		仪器震中	宏观震中				断裂带(构造带)					
1845	6.8	29°30′N,94°18′E	西藏林芝附近	—	—	—	(资料不详,可能为喜马拉雅主逆冲断裂带活动结果)		—	—	—	—
1847	6.5	28°24′N,92°24′E	山南地区隆子县	—	—	—	错那—拿日雍错盆地西缘断裂(错那—桑日裂谷带南段)		正倾滑	北北东—南北	45°~65°	东
1875/08/00	5.5	28°48′N,93°00′E	山南地区朗县南	—	—	—	喜马拉雅主逆冲断裂带		逆冲断裂	近东西	5°~25°	北
1931/09/13	6.5	28°18′N,90°48′E	山南地区洛扎县南	Ⅷ	—	—	喜马拉雅主逆冲断裂带		逆冲断裂	近东西	5°~25°	北
1950/08/22	5.75	28°42′N,94°12′E	林芝地区米林南	—	—	—	喜马拉雅主逆冲断裂带		逆冲断裂	近东西	5°~25°	北
1950/09/30	6.5	28°42′N,94°12′E	林芝地区米林南	—	—	—	喜马拉雅主逆冲断裂带		逆冲断裂	近东西	5°~25°	北
1951/03/12	5.75	28°42′N,94°12′E	林芝地区米林南	—	—	—	喜马拉雅主逆冲断裂带		逆冲断裂	近东西	5°~25°	北
1951/04/15	6.5	28°24′N,93°48′E	林芝地区米林南	—	—	—	喜马拉雅主逆冲断裂带		逆冲断裂	近东西	5°~25°	北
1951/04/22	5.5	28°42′N,94°12′E	林芝地区米林南	—	—	—	喜马拉雅主逆冲断裂带		逆冲断裂	近东西	5°~25°	北
1951/10/18	5.5	28°48′N,93°42′E	林芝地区米林南	—	—	—	喜马拉雅主逆冲断裂带		逆冲断裂	近东西	5°~25°	北
1951/12/03	5.75	30°00′N,92°00′E	拉萨市墨竹工卡北	—	—	—	邱多江盆地西缘断裂(错那—桑日裂谷带中段)		正倾滑	北北东—南北	45°~65°	东
1959/02/22	5.5	29°00′N,91°48′E	山南地区琼结—曲松间	—	—	—	喜马拉雅主逆冲断裂带		逆冲断裂	近东西	5°~25°	北
1967/03/14	5.5	28°24′N,94°24′E	林芝地区米林南	—	—	—	喜马拉雅主逆冲断裂带		逆冲断裂	近东西	5°~25°	北
1985/08/01	5.6	29°18′N,94°24′E	林芝地区米林南	Ⅶ	—	—	喜马拉雅主逆冲断裂带(震源深度 40 km)		逆冲断裂	近东西	5°~25°	北

来共发生 M_S7.5 级以上地震 3 次(1871 年的洛扎—错那 M_S7.7 级地震,1947 年的朗县—隆子 M_S7.7 级地震和 1950 年的察隅—墨脱 M_S8.6 级地震),亚东—谷露地震带北段 2 次(1411 年的羊八井 M_S8.0 级地震和 1952 年的谷露 M_S7.5 级地震)和错那—沃卡地震带上 2 次(1806 年的错那北 M_S7.5 级地震和 1915 年桑日沃卡 M_S7.0 级地震)。

历史地震和近代仪器记录都表明,喜马拉雅山前地震活动带的活动强度最大,依次分别为亚东—谷露地震带的北段和错那—沃卡地震带,而墨竹工卡—工布江达地震带是其中地震最少、强度最低的地震带,这与其缺少第四纪地表活动迹象相一致。另外在通麦—易贡湖一带还存在一个显著的中强地震密集分布区,震源机制解表明,地震活动可能与走滑断裂活动有关。

从该区的 1970 年以来的地震强度—时间(M—t)分布图(图 3.1)看,区域上的地震活动明显具有丛集性特征,即地震活跃期与相对平静期相间出现的现象。其中,6 次 M_S6.0 级以上强震依次是 1970 年 2 月发生在西藏错那与墨脱县之间的中印边境线附近的 M_S6.1 级地震、1992 年 7 月的西藏尼木 M_S6.3 级地震、1993 年的西藏纳木错 M_S6.1 级地震、2005 年 6 月的西藏墨脱南的 M_S6.4 级地震以及 2008 年西藏当雄县 M_S6.6 级地震。而其间最显著的地震活跃阶段出现在 1988—2000 年期间,共持续了约 12 年。高潮表现为 1992—1993 年间的两次强震活动。历史地震表明,该区的上一次地震活跃期出现在 1947—1951 年之间,发生了多次 M_S7~8 级及以上的地震。两个活跃期的间隔为 40 年左右,而 M_S6.0 级以上地震出现的间隔只有 12~22 年。因此,在工程寿命期内,出现 M_S6.0~6.9 级地震的可能性更大。

拉林铁路段所穿越的区域处于地震高发区内,但由于地震明显呈带分布,并且亚东—谷露地震带和喜马拉雅山前地震带都位于铁路线的外围地区,而穿越铁路线的主要是宽度有限、强度相对更小的错那—沃卡地震带和墨竹工卡—工布江达地震带。因此,该段铁路工程所穿越的大部分地区属于地震区中相对稳定的区域,其中推荐线路方案所涉及区域地震烈度较高,而北线比选方案区域地震烈度相对较低。

仔细分析地震带上的震中分布可以发现,地震震中的分布密度在地震带或控震构造带上是明显不均匀的,特大地震也常发生在构造带的某些特殊部位。沿错那—沃卡裂谷带,地震活动常在其中活动断裂带的端部和断裂带走向的转折处发生,如 1806 年的错那北 M_S7.5 级地震就发生在错那—拿日雍错盆地西缘断裂带上靠近北端的部位,而 1915 年桑日沃卡 M_S7.0 级地震的震中位于沃卡盆地东缘断裂带的南端附近。在喜马拉雅主逆冲断裂带上,地震活动多集中在次级断裂斜接部位和断裂走向出现明显转弯的部位,亚东—谷露裂谷带上也存在类似现象。在墨竹工卡—工布江达断裂带上,地震活动多集中在该断裂带的东、西两端和中段,特别是墨竹工卡县东北的尼玛江热乡—工布江达县的松多一带,发生过 3 次 M_S5.0~5.75 级地震,表明该区属于该地震带上的地震易发区。但需要注意的是,该地震带上的地震活动多与区域上其他强地震带发生强烈地震前后的区域内地壳应力或应变发生调整有关,属于比较典型的区域前震或余震。例如,1951年12月3日发生在墨竹工卡东北部的M_S5.75级地震,是紧随1951年11月18日的崩错M_S8.0级地震发生的;在1992年7月30日尼木M_S6.5级地震之后1992年8月17日在墨竹工卡东北的尼玛江热乡一带发生M_S5.1级地震。

地表调查、地表的强地震活动带和地震的震源机制解等都一致表明,在高原的内部,近东西向的伸展作用是目前该区主要的变形方式,在此应变场之下,已经不利于近东西向的墨竹工卡—工布江达断裂带的重新活动,这也是沿该断裂带和其他近东西向断裂带(如雅鲁藏布江断裂带、志岗—沃卡断裂带和哲古错—隆子断裂带等)上未发现第四纪地表变形的主要原因。因此,墨竹工卡—工布江达地震带不是区域上的主要地震活动带,它可能主要对区域内主地震前后地壳应力或应变的变化起着调整作用,其上的地震活动强度和频度都很低。

3.2 地震区、带的划分

拉林铁路线穿越了青藏高原南部地震亚区中的西藏中部地震带和喜马拉雅山地震带两个地震活动带,该区具有地震活动强度大、频度高的特点。区域地震活动和地表调查表明,上述两个地震带实际上包含了多个相对独立的控震构造带。分析中国地震台网(CSN)和美国地震学研究联合会(IRIS)所提供的拉林铁路沿线区域内的地震震中分布可以发现(图3.2),该区除个别强度较小的地震分布比较分散外,其他的地震活动明显具有沿近南北向和东西向两组方向成带分布的特征,并且地震分布的集中区域与该区主要的活动构造带在空间上吻合的很好;其中,一些典型地震的震源机制解所反映的发震断层活动性质及区域应力场也与所在区域的活动构造带相一致。例如:发生在亚东—谷露和错那—沃卡裂谷带上的地震都一致地显示以正断层活动为主的震源机制解;沿喜马拉雅主逆冲带发生的地震都显示低角度逆断层活动为主的震源机制解,这些充分表明该区的地震活动主要受区域构造活动的控制。因此,根据该区地震分布特点及其与区域控震构造带的关系,可以区分出"两横两纵"共4个地震密集带,如图3.2所示。

3.2.1 喜马拉雅山前地震密集带

喜马拉雅山前地震密集带是以近东西走向的以主喜马拉雅逆冲构造带为控震构造带的地震活动带。地震震中分布及其震源机制解表明(图3.2),在东经90°以东范围,该地震密集带的北界大致位于北纬28°～29°,在东喜马拉雅构造结附近,其最北端已经越过北纬29°线,其南侧边界位于喜马拉雅山脉与印度平原的边界带附近,宽度可达100～120 km。该地震密集带中的地震密集,表现出强度大、频度大的特点,截至2022年底最大地震是1950年8月15日的墨脱—察隅M_S8.6级地震。

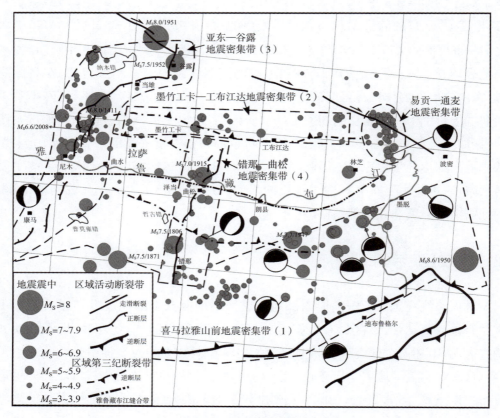

图 3.2 拉林铁路沿线地震震中分布图

(研究区范围:90°~95°E,27.5°~31°N。1970 年以来仪器记录地震来源于 IRIS,
1969 年前的历史地震记录来源于 CSN)

3.2.2 墨竹工卡—工布江达地震密集带

墨竹工卡—工布江达地震密集带是沿墨竹工卡—工布江达断裂带发育的近东西向地震密集带。该地震密集带从拉萨的北部大致沿北纬 30°线向东延伸至林芝的北部地区,全长约 330 km,宽约 40 km。其中,历史记载以来的地震数量较少,总体上显示地震活动强度小、频度低,最大地震是 1951 年 12 月 3 日的墨竹工卡 M_S5.75 级地震。

3.2.3 亚东—谷露地震密集带

亚东—谷露地震密集带是以亚东—谷露裂谷带为主控震构造的北北东向地震密集带。该地震密集带从亚东北部向北北东方向经康马、江孜—浪卡子、尼木、羊八井、当雄和谷露等地延伸至那曲的桑雄北侧,全长约 450 km,宽 20~40 km。该地震密集带北段(尼木—谷露段)的地震活动相对比较密集,具有强度大、频度中等的特征,最大地震是 1411 年 9 月 28 日发生的羊八井 M_S8.0 级地震。最近一次地震为 2008 年当雄 M_S6.6 级地震。

3.2.4　错那—沃卡地震密集带

错那—沃卡地震密集带是以错那—沃卡裂谷带为主要控震构造的近南北向地震密集带。该地震密集带南北长 200 km 左右,东西宽 30～50 km。该地震密集带中地震密度中等,显示强度较大、频度中等的特点,最大地震为 1806 年 6 月 11 日的错那北 M_S7.5 级地震。

3.3　潜在震源区的划分

3.3.1　地震构造标志的确定

综合研究区内强震活动和控震构造方面的研究结果,通过地震构造环境和典型强震的震例剖析,以及对研究区 6 级以上强震的构造标志进行总结,归纳出研究区强震的发震条件,并以此作为划分具有不同震级上限潜在震源区的重要标志和依据。通过不同级别地震的构造标志对比发现,发生 M_S6～7、M_S7～7.5 和 M_S7.5 级以上地震的构造标志存在一定差异,其主要区别在于控震或发震断裂带的规模、活动性质、活动强度及其在区域活动构造格局中的地位等因素。

1. $M_S \geqslant 7.5$ 级地震的潜在震源区的构造标志

(1)构成一级活动块体的主边界断裂。

(2)沿断裂带发生过 $M_S \geqslant 7.5$ 级以上地震或古地震。

(3)控震断裂属于全新世强烈活动断裂或中—强活动断裂。

(4)活动构造的特殊构造部位,如主断裂的分叉点、转折处、枢纽部位以及与其他构造带的交汇区。

(5)规模和断陷幅度大的第四纪断陷盆地的边界带上。

(6)区域重力异常梯度带和航磁异常分界线上以及地幔隆起的边缘地带。

(7)断裂带规模大,长度一般在 60 km 以上。

2. $7.0 < M_S \leqslant 7.5$ 级地震的潜在震源区的构造标志

(1)具备发生 $M_S \geqslant 7.5$ 级地震的地区也会发生 M_S7～7.5 级地震。

(2)往往构成区域一级块体中次级块体的边界断裂、大型活动构造带或断裂带的分支断裂。

(3)断裂规模中等,长度一般为数十公里。

(4)活动断裂与其他构造的交汇部位,或断裂本身的拐点、枢纽点、交叉点和端点等闭锁构造部位往往容易成为潜在震源区。

(5)断裂带上规模较大、断陷幅度较大的次一级第四纪断陷盆地边缘或端部等。

(6)断裂的晚第四纪或全新世活动强度中等。

3. $6<M_S \leqslant 7.0$ 级地震的潜在震源区的构造标志

(1)发生 $M_S \geqslant 7.5$ 和 $M_S 7 \sim 7.4$ 级地震的地区通常会发生 $M_S 6 \sim 7.0$ 级地震。

(2)晚更新世以来活动速率 $0.1 \sim 0.5$ mm/a 的正断层和 1 mm/a 左右的走滑断裂带。

(3)具一定规模晚更新世活动的一般断裂可能分布于活动地块的内部而不构成地块边界的断裂。

(4)构成断裂带上规模较小的第四纪断陷盆地的边界或构成断裂带中规模较小的次级断裂。

3.3.2 潜在震源区的划分方法

铁路沿线潜在震源区的划分主要遵循"历史地震重复"和"地震构造类比"的原则，同时依据该区的地震构造标志，并参考区域内地震活动的空间分布特征及内在联系。具体方法如下：

(1)晚更新世活动构造的展布方向、断裂带宽度及长度决定潜在震源区的长轴方向和边界。在充分考虑工程安全前提下，根据研究区活动构造调查结果，尽可能精确地划分潜在震源区边界。

(2)历史上发生过 $M_S 5 \sim 6$ 级及以上地震的地区，均划入潜在震源区。

(3)通常 $M_S 6.0$ 级以上地震与晚第四纪活动构造的密切相关。因此，多数潜在震源区均沿活动断裂带或第四纪断陷盆地两侧勾画，形状大多为细长条状，并大致与该区强震等震线的形状为长椭圆形相一致。

(4)在活动断裂分段性较为清楚，且活动强度有差异的地带，潜在震源区相应地划得细一些。

(5)在历史上发生过 $M_S 6$ 级地震的地区，如果地表调查结果显示该区的晚第四纪断裂活动不明显时，结合遥感解译和地形图判读确定可能存在的区域性晚第四纪活动断裂或地震活动带，并推断中强地震发生和潜在震源区的控震构造标志，然后结合该区中强地震的空间分布规律，将大致的地震条带及相关的区域构造带作为潜在震源区。

3.3.3 潜在震源区震级上限的确定方法

1. 历史地震对比法

在历史地震多发地，当有史以来所记载的最大震级不能代表潜在震源区震级上限时,可采取对历史记载最大地震的震级加1个增量(如1/4、1/2和1)来给出该潜在震源区的震级上限。

2. 构造对比法

对于缺乏历史地震记录又无古地震遗迹的地区,主要采用构造类比法,将控震构造的规模、活动性质和活动强度相似且已发生过强震的潜在震源区的震级上限作为参考值。

3. 综合分析法

在历史地震记载不全面和古地震研究不充分的情况下,仅仅考虑历史地震或构造类比都有可能将震级上限估计过低。因此,在任何地区都需要对地震活动进行综合分析。在综合了历史地震活动和相似构造对比情况后,必须考虑的是该区控震构造的规模、活动性质和活动强度。地震活动资料显示,震级上限的高低与控震构造的规模和活动强度密切相关。

3.3.4 铁路沿线潜在震源区的划分

在野外活动断裂调查的基础上,通过综合分析对拉林铁路沿线的潜在震源区进行划分,自西向东共划分了13个潜在震源区,其中7.0级及以上潜在震源区两个,$M_S6.0$级潜在震源区4个,其余均小于$M_S6.0$级,见表3.2和图3.3。

表3.2 拉林铁路沿线潜在震源区划分与判定依据表

编号	震源区名称	震级上限	工程寿命期震级上限	潜在震源区判定依据
(1)	那卡—拉萨	6.0	5.5	该区无明显的控震构造,然而由于其西部存在亚东—谷露地震密集带,北部存在墨竹工卡—工布江达地震带,致使该区地震发育,但多小于$M_S5.0$级,该地震区地震多为区域主要活动构造带上强震活动的前震或余震。该区最大一次地震为1986年$M_S5.9$级地震。因此,该地震区上限限定为$M_S6.0$级为宜,工程寿命期内的地震强度上限估计为$M_S5.5$级
(2)	白那—明则	5.5	5.5	该区地震活动性弱,历史上无地震记载,考虑到明则断裂系第四纪早期走滑断裂,可将该区震级上限定为$M_S5.5$级为宜,工程寿命期内的地震强度上限估计为$M_S5.5$级
(3)	拉勒—各如	6.0	5.5	该区地震活动性弱,仅在1950年发育一次$M_S5.0$级地震,考虑到扒堆断裂为第四纪早期走滑断裂,可将该区震级上限定为$M_S6.0$级为宜,工程寿命期内的地震强度上限估计为$M_S6.0$级
(4)	桑日沃卡	7.5	7.0	历史上有过1915年7.0级强震,并发生过多次$M_S5.0$级以上地震。主控震断层为长50 km左右的沃卡盆地东缘断裂,该断层是错那—沃卡裂谷带中的次级构造带,属于全新世活动性较强的正断层。因此可将该区震级上限定为$M_S7.5$,程寿命期内的地震强度上限估计为$M_S7.0$级

续上表

编号	震源区名称	震级上限	工程寿命期震级上限	潜在震源区判定依据
(5)	邱多江—曲松	7.5	7.5	历史上无M_S7.0级以上地震记录,但发生过几次M_S5.0以上地震。主控震断层为长40 km左右的邱多江盆地西缘断裂,该断层是错那—沃卡裂谷带中的次级构造带,属于全新世活动性较强的正断层。因其活动性与沃卡盆地东缘断裂相似,并且历史上无M_S7.0级地震记录,故而可将该区级上限定为M_S7.5级,程寿命期内的地震强度上限估计为M_S7.5级
(6)	江村—太玛期	5.5	5.5	历史上尚无地震记录,考虑到该断裂为第四纪早期走滑断裂,可将该区级上限定为M_S5.5级为宜,工程寿命期内的地震强度上限估计为M_S5.5级
(7)	真多	5.5	5.5	该区历史上尚无地震记录,考虑到该断裂为第四纪早期走滑断裂,可将该区级上限定为M_S5.5级为宜,工程寿命期内的地震强度上限估计为M_S5.5级
(8)	兴布	5.5	5.5	该区历史上尚无M_S5.0级及以上地震记录,考虑到该断裂为第四纪早期走滑断裂,可将该区级上限定为M_S5.5级为宜,工程寿命期内的地震强度上限估计为M_S5.5级
(9)	色崩—仲沙	5.5	5.5	该区历史上尚无M_S5.5级及以上地震记录,考虑到该断裂为第四纪早期走滑断裂,可将该区级上限定为M_S5.5级为宜,工程寿命期内的地震强度上限估计为M_S5.5级
(10)	章达	5.5	5.5	该区历史上尚无M_S5.0级及以上地震记录,考虑到该断裂为第四纪早期走滑断裂,可将该区级上限定为M_S5.5级为宜,工程寿命期内的地震强度上限估计为M_S5.5级
(11)	腔达—拿尕布	6.0	6.0	历史上最大震为M_S5.0级,考虑到该控震断裂为第四纪早期走滑断裂,可将该区级上限定为M_S6.0级为宜,工程寿命期内的地震强度上限估计为M_S6.0级
(12)	力底—米瑞	6.0	6.0	历史上无M_S5.0级地震记录,但考虑到该控震断裂力底断裂为晚更新世活动断裂,因而可将该区上限定为M_S6.0级为宜,工程寿命期内的地震强度上限估计为M_S6.0级
(13)	称果—八一	5.5	5.5	历史上无M_S5.0级地震记录,但考虑到该控震断裂八一断裂为第四纪早期走滑动断裂,且有小于M_S5.0级地震记录,因而可将该区震级上限定为M_S5.5级为宜,工程寿命期内的地震强度上限估计为M_S5.5级

综上可知,对铁路建设有影响的主要是那卡—拉萨、拉勒—各如、腔达—拿尕布、力底—米瑞6.0级潜在震源区,以及沃卡盆地、邱多江盆地M_S7.5级潜在震源区。桑日沃卡地区在1915年发生过M_S7.0级地震,原地复发$M_S \geqslant 7.0$级地震的概率也很小。但需要注意的是,1915年的地震主要沿沃卡盆地东缘断裂带的南段发生,未覆盖整个断裂带,而该断裂带在走向上明显可分为南、北两段。因此,其北段在未来发生M_S7.0级地震的概率会较高,需要将其列入地震危险区。邱多江—曲松潜在震源区内缺少$M_S \geqslant 6.0$级地震记录,表明它是错那—沃卡裂谷带中目前应变积累量最大的区域,也应该被列为该区强震发生的震级和概率最高的区域,由于该区系曲松比选路线经过处,因此,需要对该区的地震活动性给予格外关注。

3 地震活动性研究

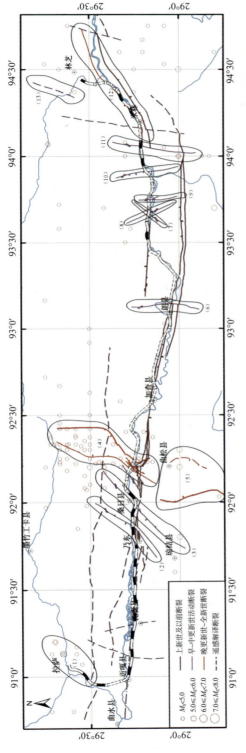

图 3.3 拉林铁路沿线潜在震源区的划分示意图

(1)那卡—拉萨潜在震源区,震级上限 $M_S6.0$,工程寿命期内震级上限 $M_S5.5$;(2)白那—明则潜在震源区,震级上限 $M_S5.5$;(3)拉勒—各如潜在震源区,震级上限 $M_S7.5$,工程寿命期内震级上限 $M_S6.0$,工程寿命期内震级上限 $M_S5.5$;(4)桑日沃卡潜在震源区,震级上限 $M_S7.0$;(5)邱多江—曲松潜在震源区,震级上限 $M_S7.5$,工程寿命期内震级上限 $M_S5.5$;(6)江村—太玛期潜在震源区,震级上限 $M_S5.5$;(7)真多潜在震源区,震级上限 $M_S5.5$;(8)兴布潜在震源区,震级上限 $M_S5.5$;(9)色萌—仲沙潜在震源区,震级上限 $M_S6.0$,工程寿命期内震级上限 $M_S5.5$;(10)章达潜在震源区,震级上限 $M_S5.5$;(11)腔达—拿尔布潜在震源区,震级上限 $M_S6.0$,工程寿命期内震级上限 $M_S5.5$;(12)力底—米瑞潜在震源区,震级上限 $M_S6.0$;(13)称果—八一潜在震源区,震级上限 $M_S5.5$,工程寿命期内震级上限 $M_S5.5$。

此外，对位于研究区北西侧的亚东—谷露裂谷带地震活动也应引起充分注意，虽然其距离拉林铁路线推荐线路较远，但若该裂谷带发生强震对铁路仍会带来一定影响。因亚东—谷露地震带中的当雄—羊八井段已先后发生过 1411 年的 $M_S 8.0$ 级地震和 1952 年的 $M_S 7.5$ 级地震，且地震破裂带已基本覆盖了整个控震断裂带，因此，该段在工程寿命期内再次发生 $M_S \geqslant 7.0$ 地震概率小。而在尼木—安岗地震区潜在震源区内，迄今为止尚无 $M_S \geqslant 7.0$ 级地震记录，只发生过几次 $6.0 \leqslant M_S < 7.0$ 级地震，表明该区已积累了较长时间的地壳应变能，未来强震发生的可能性较大，属于工程寿命期内存在地震危险的断层，1992 年的尼木 $M_S 6.5$ 级地震也表明该段的控震断裂带正处于活跃期，需要特别关注。但考虑到该段的控震断裂带规模相对较小，长度仅 40 km 左右，因此其上未来强震的震级上限应该在 $M_S 7.0$ 级左右。江孜—浪卡子潜在震源区内既无 $M_S \geqslant 7.0$ 级地震记录，也无 $M_S \geqslant 6.0$ 级地震记录，表明历史记录以来的地震活动水平较低。相应地，其中控震断裂带的应变积累量更大，在缺少古地震数据的情况下还无法确定其目前究竟是处于地震平静期中，还是地震活跃期中的应变积累阶段。但无论如何，与前两个近南北向潜在震源区相比，它目前所积累的应变量应该最大，因此其在工程寿命期间发生强震的震级和概率更大。

4 活动断裂的工程影响评价

4.1 活动断裂对铁路建设的影响

依据活动断裂调查及地震活动性分析结果,针对活动断裂对铁路工程建设影响进行初步研究,对铁路工程建设影响较大的活动断裂主要有沃卡—罗布沙断裂带(F_5)、邱多江断裂带(F_6),其余断裂对铁路工程建设影响相对较小,活动断裂调查结果及其对工程建设影响,见表 4.1。

表 4.1 活动断裂调查结果及其对工程建设影响

断裂编号	断裂性质	活动时代	地震活动性	与铁路的关系	对铁路的影响
F_1	逆断	N_2 及以前	沿断裂带,仅有小于 M_S5 级的弱震发生	大部分位于铁路线以南,与铁路线平行;在加查、朗县附近与铁路相交	影响较小,与铁路线相交段,应注意围岩稳定及断裂导水问题
F_2	左旋逆冲	Q_{1-2}	无地震记录	与铁路线斜交	影响较小
F_3	左旋逆冲	Q_{1-2}	1950 年 5 月 6 日 $M_S5.0$ 级地震	与铁路线重合	影响较小
F_4	左旋	Q_{1-2}	无地震记录	与铁路线斜交	影响较小
F_5	正断	Q_4	1915 年 12 月 3 日 $M_S7.0$ 级地震	与铁路线近垂交	因断裂为全新世活动较强的断裂,对铁路工程建设影响大
F_6	正断	Q_4	1955 年 5 月 5 日 $M_S5.2$ 级地震	位于铁路线南 12 km 左右	因断裂为全新世活动较强的断裂,对铁路工程建设影响大
F_7	右旋	Q_{1-2}	无地震记录	与铁路线近垂交	影响小
F_8	逆走滑	N_2 及以前	无地震记录	与铁路线斜交	影响小
F_9	左旋	Q_{1-2}	无地震记录	与铁路线斜交	影响小
F_{10}	右旋	Q_{1-2}	无地震记录	与铁路线斜交	影响小
F_{11}	右旋	Q_{1-2}	无地震记录	与铁路线近垂交	影响小
F_{12}	右旋正断	Q_{1-2}	无地震记录	与铁路线近垂交	影响小
F_{13}	左旋	Q_{1-2}	小于 $M_S5.0$ 级弱震	与铁路线近垂交	影响小

续上表

断裂编号	断裂性质	活动时代	地震活动性	与铁路的关系	对铁路的影响
F_{14}	左旋逆断	Q_3	无地震记录	与铁路线大致平行,部分与铁路线相交	影响小
F_{15}	逆断	N_2 及以前	小于 $M_S5.0$ 级弱震	与铁路线大致平行,位于铁路线北侧 20 km 左右	影响小
F_{16}	逆断	N_2 及以前	无地震记录	位于推荐线路北侧 4～15 km,与比选路线相交	影响小
F_{17}	左旋	Q_{1-2}	无地震记录	与铁路线近垂交	影响小
F_{18}	右旋	Q_{1-2}	无地震记录	与铁路线近垂交	影响小
F_{19}	左旋	Q_{1-2}	无地震记录	与铁路线近垂交	影响较小
F_{20}	左旋	Q_{1-2}	无地震记录	位于铁路线推荐线路东侧 26 km 左右	无影响
F_{21}	左旋	Q_{1-2}	无地震记录	位于铁路线推荐线路西侧 10 km 左右	对推荐线路无影响,对比选路线影响较小

4.2 线路方案比选及线路优化问题

根据野外综合地质调查和活动断裂初步研究成果,拉林铁路桑日—加查段两个方案值得进一步比选或优化,如图 4.1 所示。推荐方案(拉通方案之桑加峡谷方案)主要经由雅鲁藏布江左岸穿行,线路全长约 72 km,其中隧道长度约 49.9 km,约占总长 69%。比选方案(经曲松方案)自桑日经曲松、拉绥至加查,线路全长约 76 km,其中隧道长度 28.6 km,约占总长 38%。

现主要从地形地貌、地层岩性、地质构造、地震活动及地质灾害等方面对两个方案进行初步对比研究。

4.2.1 地形地貌

推荐线路经由雅鲁藏布江左岸,地貌上为明显的峡谷区,河流深切,岸坡陡峭,地形高差可达 1 500 m 以上。比选线路经曲松至加查,铁路线大致沿省道布设。地形明显较推荐线路要缓,仅在布当拉山一带地形起伏较大。

4.2.2 地层岩性

推荐线路所穿越的地层岩性,主要为老第三纪花岗石、闪长岩,岩体坚硬,结构较完整。而比选路线所穿越的主要岩层为三叠纪碎裂状板岩、变质砂岩、千枚岩或断层破碎带,岩体破碎,风化十分强烈。

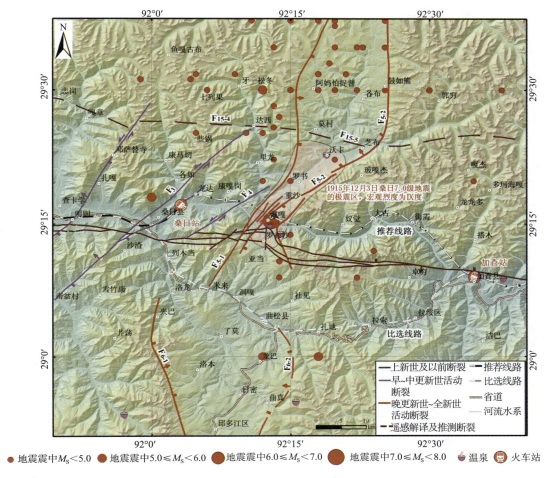

图 4.1 桑日—加查段铁路线比选方案及地质构造特征

4.2.3 地质构造

推荐线路位于雅鲁藏布江深大断裂下盘,沃卡—罗布沙正断层系(地堑)直接穿越推荐线路。比选线路则位于雅鲁藏布江深大断裂上盘,线路主要受南侧邱多江正断层系(地堑)影响,但是根据目前掌握的资料看,断层未穿越铁路线。

4.2.4 地震活动

推荐线路地震活动强度及烈度明显高于比选路线。推荐线路附近最大一次地震为1915年12月3日桑日地震。而比选线路附近地震活动较弱,最大一次地震为1955年5月5日 M_S5.2级地震。

4.2.5 地质灾害

推荐线路沿线,特别是桑日—龙达一带的风沙灾害较为突出,并且在雅鲁藏布江深切作用、构造和风化卸荷作用下,沿岸斜坡岩体节理发育,易发生崩塌,这也影响傍山隧道的稳定。比选线路的主要地质灾害为崩塌、滑坡和泥石流,如果采用隧道工程,这些问题可大大减少。

综上所述,推荐方案以隧道工程为主,隧道围岩多为花岗岩、闪长岩等硬岩,岩体结构较完整;但是由于沃卡—罗布沙断裂带穿越铁路线,断裂具有发生 $M_S 7.5$ 级地震的潜势,因此线路所经区域地壳稳定性差。相比较而言,比选路线尽管处于雅鲁藏布江深大断裂上盘,但该断裂现今活动不明显;虽然线路南侧的邱多江地堑同样具有发生 $M_S 7.5$ 级地震的潜势,但断裂不直接穿越铁路线。因此,初步认为比选线路地壳稳定性比推荐路线相对较好。在工程建设中,需要注意边坡失稳、软弱围岩变形等问题,局部地段需要进一步优化。

4.3 结论和建议

在野外地质调查和室内综合分析的基础上,对拉林铁路沿线主要活动断裂的展布特征、活动性及未来地震活动趋势进行比较深入的研究,根据铁路规划方案讨论工作区主要活动断裂对铁路建设的影响,达到预期目标。

1. 主要活动断裂特征

根据区域地质资料,遥感影像解译以及野外地质调查,研究区主要发育有东西向、近南北向、北东向以及北西向断裂。

(1)东西向断裂带在研究区最为发育,其形成与南北向的挤压应力有关,断裂性质以逆断为主,第四纪以来未见明显的活动迹象。

(2)近南北向断裂形成与东西向拉张应力有关,断裂性质为正断,在研究区形成地堑构造,如沃卡地堑、邱多江地堑。近南北向断裂现今强烈活动,地震活动频繁。

(3)北东向以及北西向断裂在研究区较发育,规模相对较小,其中北东向断裂以左旋走滑为主,北西向断裂以右旋走滑为主,局部地区见二者共轭产出。北东、北西向断裂切穿东西向断裂,对第四纪以来地貌有一定的控制左右,现今无明显活动迹象,主要为第四纪早期活动断裂。

沿铁路线共调查和鉴定14条断裂(带),包括3条晚更新世—全新世活动断裂,其中以近南北向的沃卡地堑、邱多江地堑现今活动性最为强烈;2条东西向断裂(带)系上新世及之前断裂(带);其余均为北东或北西向早～中更新世活动断裂。

2. 地震活动性特征

对铁路沿线潜在震源区进行划分,沃卡盆地及邱多江盆地可划分为 $M_S 7.5$ 级潜在震源区,那卡—拉萨、拉勒—各如、腔达—拿尕布、力底—米瑞可划分为 $M_S6.0$ 级潜在震源区。工程寿命期内,沃卡盆地震级上限定为 $M_S7.0$ 级,邱多江盆地震级上限定为 $M_S7.5$ 级。那卡—拉萨、拉勒—各如、腔达—拿尕布、力底—米瑞震级上限分别定为 $M_S5.5$ 级, $M_S5.5$ 级, $M_S6.0$ 级, $M_S6.0$ 级。

3. 活动断裂对工程建设的影响

沃卡—罗布沙地堑(F_5)以及邱多江地堑(F_6)对铁路工程建设影响较大,其余断裂对工程建设影响相对较小。

参 考 文 献

[1] 常承法,郑锡澜. 中国西藏南部珠穆朗玛峰地区地质构造特征以及青藏高原东西向诸山系形成的探讨[J]. 中国科学,1973,4(2):190-201.

[2] 胡玲,郭卫东,王振宇,等. 青海高原雷暴气候特征及其变化分析[J]. 气象,2009,35(11):64-70.

[3] 王秀丽,范世东,黄继刚,等. 西藏尼洋曲流域考察报告[J]. 西藏科技,1996,4(2):10-16.

[4] 杨逸畴. 记南迦巴瓦峰科学考察[J]. 山地研究,1983,4(1):41-47.

[5] 国家地震局地质研究所. 西藏中部活动断层[M]. 北京:地震出版社,1992.

[6] 吴章明,汪一鹏,任金卫,等. 青藏高原北部金沙江、澜沧江缝合线晚第四纪的活动性[J]. 地震地质,1993,4(1):28-31.

[7] 吴珍汉,吴中海,胡道功,等. 青藏高原北部风火山活动断裂系及工程危害性研究[J]. 地质科技情报,2003,4(1):1-6.

[8] 吴珍汉,胡道功,吴中海,等. 青藏铁路沿线构造裂缝的地质特征及工程危害[J]. 水文地质工程地质,2003,4(6):15-20.

[9] 尹安. 喜马拉雅—青藏高原造山带地质演化:显生宙亚洲大陆生长[J]. 地球学报,2001,4(3):193-230.

[10] 潘桂棠,王立全,朱弟成. 青藏高原区域地质调查中几个重大科学问题的思考[J]. 地质通报,2004,4(1):12-19.

[11] 尹安. 喜马拉雅造山带新生代构造演化:沿走向变化的构造几何形态、剥露历史和前陆沉积的约束[J]. 地学前缘,2006,4(5):416-515.

下篇

区域水文地质与水热活动研究

　　拉林铁路不同程度地涉及喜马拉雅地块、雅鲁藏布江缝合带和冈底斯—拉萨地块等三个不同的构造单元。线路工程建设区区域地层岩性、地质构造发育程度及区域构造演变极为复杂,新构造变动活跃,并伴有频繁的地震活动。整个线路工程区域地形起伏大,铁路有较多长大埋深隧道,工程地质条件极为复杂,沿线从元古代到新生代地层均有出露,深埋隧道众多。根据初设拟选方案,在拉林铁路范围内,共有 47 个隧道,建设区位于喜马拉雅地热带,地热、地质条件复杂。拟选线路经过部分地热异常区,如推荐线路南线方案从沃卡地热异常带附近通过;北线方案穿越日多地热异常带,且穿越尼洋河和拉萨河分水岭,拉林铁路工程是否会导致一系列与工程地质、环境水文地质有关的问题是工程决策、线路方案选择、工程施工都需要研究的重要因素。

本篇主要研究拉林铁路拟选线路区域地下热水活动和分布特征,重点研究拟选南线线路方案(沿雅鲁藏布江方案)区域水文地质条件、地下热水活动和分布特征,铁路工程和环境有重大影响的地热地质问题。

5 区域地下热水发育的地质背景

5.1 线路区域自然地理概况

5.1.1 地形地貌

拉林铁路由雅鲁藏布江中游夹于冈底斯山脉东段与喜马拉雅山东段及其以北的"低山丘陵"之间的宽河谷段和其支流拉萨河下游的宽谷段所组成,山高谷深,气候极端恶劣,总体上呈东西走向的山系—谷岭相间,地形地貌、地质构造、气象等自然条件都具有典型的"极端"特征,如图 5.1 所示。

该段雅鲁藏布江河谷宽广,在米林普遍达 2~4 km,在朗以东宽度变窄为 1 km 以内,在朗县与加查之间又逐渐展宽至 1~2 km,且阶地与曲流相当发育,地面高程为 3 000~3 500 m,两岸最高山峰达 5 000 m 以上;加查至桑日间则为切入冈底斯山脉东段,切割深度逾 1 500 m 的峡谷;桑日以上段河谷又展宽,在泽当至拉萨河汇合处的曲水间,河床普遍宽 4~6 km,辫状水系极为发育,河漫滩、一级阶地宽阔平坦,二级阶地高出河床约 40 m,多被夷平或水流切割呈缓丘状沿河分布。

在喜马拉雅山东段的高峰北坡有沟谷直接注入雅鲁藏布江,其倒数第二次冰期的侧碛与终碛往往能伸出谷口,因而发育于雅鲁藏布江河谷中的湖相沉积,大都是古冰川堰塞的结果。而冈底斯山脉东段与喜马拉雅东段以北的"低山丘陵",因山峰海拔高度多在 5 500 m 左右或低于这一高度,而研究区的现代雪线却上升到 5 500 m 左右,故大多缺乏现代冰川,古冰川作用也很小。

5.1.2 气象与水文概况

1. 气象特征

研究区位于西藏南部,林芝地区受印度洋湿润气候影响,雨量充沛、垂直分带显著的高原温带湿润季风气候区转向泽当—拉萨以空气稀薄、干燥缺氧、阳光充足、低温寒冷、日温差大为特征的高原温带半干旱季风气候。总体来说,研究区氧气含量较少,昼夜温差大,受印度洋暖湿气流的影响,温和多雨,年平均气温 8 ℃,大部分地区最低月平均气温为 −2~0 ℃,最高月均 15 ℃ 以上,5~9 月为雨季,占全年降雨的 70% 以上。研究区沿线及邻区主要气象资料见表 5.1,其年平均气温、多年平均降雨量、年平均蒸发量如图 5.2 所示。

图 5.1 研究区地貌

表 5.1 拉林铁路沿线气象参数

地 区	年平均气温 (℃)	最冷月平均气温 (℃)	最暖月平均气温 (℃)	年降雨量 (mm)	海拔 (m)	年蒸发量 (mm)	年日照时数 (h)
林芝	8.5	0.2	15.5	654.1	3 000	1 697.2	2 022.2
泽当	8.2	−0.9	15.4	408.2	3 551.7	2 653.9	2 938.6
拉萨	7.5	−2.3	15.4	444.8	3 648.7	2 205.6	3 007.7
日喀则	6.3	−3.8	14.5	431.2	3 836	2 353.2	3 240.3
那曲	−1.9	−13.8	8.8	406.9	4 507	1 796.6	2 866.2

5 区域地下热水发育的地质背景

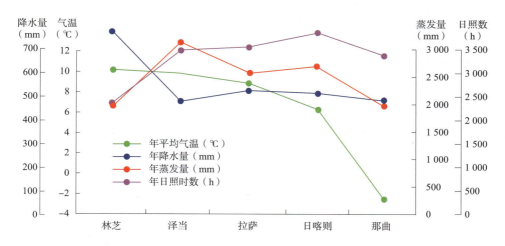

图 5.2 拉林铁路沿线及邻区主要地区的气象参数图

2. 水文特征

研究区为雅鲁藏布江水系中游段，雅鲁藏布江发源并流经青藏高原，由西向东横贯西藏自治区南部，是西藏自治区最大的河流，又是世界上海拔最高的大河，平均海拔在 4 000 m 以上。源于西藏自治区西南部喜马拉雅山北麓杰马央宗冰川，由西向东流，横贯西藏南部，经派镇折向北东，围绕南迦巴瓦峰形成马蹄形拐弯而后向南流，到巴昔卡入印度，称布拉马普特拉河。

河谷地形上看，流域内贡嘎—桑日为宽谷段，桑日—加查为峡谷段，加查—米林渐由窄谷过渡为宽谷。研究区内自东向西主要经过雅鲁藏布江流域面积超过 10 000 km² 的一级支流有帕隆藏布及以冈底斯山脉为分水岭的尼洋河和拉萨河，拉萨河为流域面积最大支流，达 32 471 km²，研究区主要河流水文参数见表 5.2，区域水系如图 5.3 所示。

表 5.2 研究区主要河流水文参数

河流名称	发源地	河流长度 (km)	流域面积 (km²)	总高差 (m)	平均坡降	年平均流量 (m³/s)
雅鲁藏布江	杰马央宗冰川	2 057	240 480	—	1.47‰	4 425
帕隆藏布	阿扎贡拉冰川	270	28 939	3 225	11.9‰	1 009
尼洋河	拉闻拉俄拉群山	309	17 535	2 290	7.41‰	584
拉萨河	嘉黎县麦地卡	530	32 471	1 451	2.91‰	320

研究区内由于高寒气候，现代冰川发育，成为河流的重要补给水源，雅鲁藏布江流域范围内现有冰川面积 8 760.5 km²，在不少河源地区被大面积冰川沉积物和风化物覆盖，地表草甸厚、渗透作用强，雨水与冰水融水多渗透地下，与地表冰雪融水一样成为河流的补给水源。在河流干流上游及中游上端，以地下水补给为主；中游下段至下游上段，补给形式转为雨水、融水混合补给型；在大峡谷以下的暴雨区，以雨水补给为主。

就整个流域而言,属 3 种水源均有的混合补给型。

雅鲁藏布江流域径流地区分布有两个特点,即多样的径流带和径流的垂直梯度变化。区内从东南到西北年径流深从丰水带(年径流深大于 800 mm)逐渐过渡到多水带(年径流深 200~800 mm)和过渡带(50~200 mm),研究区主要位于多水带和过渡带,径流深度主要为 50~800 mm。雅鲁藏布江径流量逐月分配统计见表 5.3,雅鲁藏布江流域径流深度等值线如图 5.4 所示。

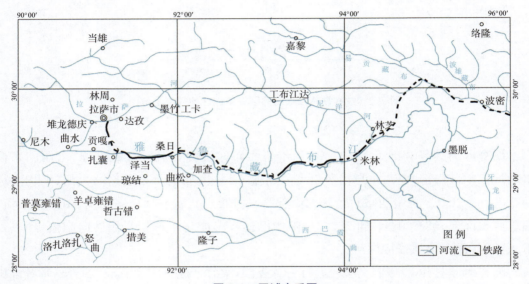

图 5.3　区域水系图

表 5.3　雅鲁藏布江径流量逐月分配统计

站名	所在水系	资料年限（年份）	月分配											
			1	2	3	4	5	6	7	8	9	10	11	12
江孜	年楚河	1961—1995	4.1%	4.3%	3.8%	2.6%	2.6%	7%	17%	24%	17%	7.9%	5.3%	4.3%
拉萨	拉萨河	1956—1995	1.7%	1.4%	1.5%	1.7%	3.6%	11%	21%	26%	18%	8%	3.8%	2.3%
更张	尼洋河	1979—1997	1.4%	1.2%	1.2%	1.5%	5.3%	17%	23%	21%	16%	6.7%	3%	1.9%
易贡	易贡藏布	1967—1969	1.5%	1.2%	1.3%	2%	5.8%	17%	26%	20%	15%	6.2%	2.9%	1.9%
奴各沙	雅鲁藏布江	1956—1995	2.6%	2.4%	2.6%	2.8%	2.9%	4.9%	15%	31%	20%	8%	4.9%	3.4%
羊村	雅鲁藏布江	1956—1995	2.6%	2.3%	2.3%	2.3%	2.8%	6.4%	16%	29%	20%	8.4%	4.7%	3.2%
奴下	雅鲁藏布江	1956—1995	2.2%	2%	2%	2.4%	4.8%	12%	18%	24%	18%	8.3%	4.3%	2.8%

径流年际变化主要受降水影响。年径流变差系数较小,范围为 0.12~0.35,受补给水源影响,以融水补给为主的尼洋河固结系数 C_v 值只有 0.12,而以降水补给为主的拉萨河 C_v 值达到 0.27。径流年内分配以 6~9 月最丰,径流量可占全年总径流量的 65% 以上。最大水月出现在 7 月或 8 月,干流的洪水期水量较大。枯水期为每年 11 月~次年 4 月。

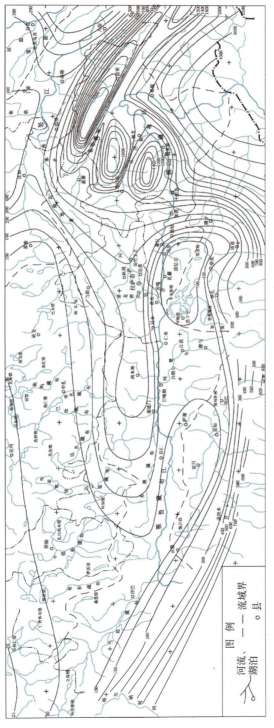

图 5.4 雅鲁藏布江流域径流深度等值线图(单位:m)

5.2 地层岩性

根据1997年《西藏自治区岩石地层》的划分,研究区(拉林铁路)属藏滇地层大区。以雅鲁藏布江缝合带为界划分为三个地层区,由北向南依次为冈底斯—腾冲地层区、雅鲁藏布江地层区和喜马拉雅地层区,如图5.5所示。进一步以嘉黎—易贡断裂段为界,其北为冈底斯—腾冲地层区比如—洛隆地层分区,南侧为冈底斯—腾冲地层区拉萨—波密地层分区。

Ⅰ—冈底斯—腾冲地层区比如—洛隆分区;Ⅱ—冈底斯—腾冲地层区拉萨—波密分区;Ⅲ—雅鲁藏布江地层区;
Ⅳ—喜马拉雅地层区;①—嘉黎—易贡断裂带;②—雅鲁藏布江北界断裂;③—雅鲁藏布江南界断裂。

图5.5 拉林铁路区域地层分区图

区内沉积岩、岩浆岩、变质岩三大岩类均有出露;其中,以中生界、古生界三叠系及元古变质岩、火山岩分布最广,未变质的沉积岩相对较少。区内地层岩性以砂砾岩、砂板岩、沙泥岩、砂页岩片岩、变粒岩、片麻岩、麻岩、大理岩及酸性~中酸性、基性~中基性火山岩为主。侵入岩体从元古宙~喜马拉雅期均有出露,但以喜马拉雅期、燕山~印支期的岩体分布最广,岩性以花岗岩类、闪长岩类、斑岩类为主。沉积岩中三叠系、白垩系多以海相沉积为主,第三系以陆相碎屑岩—泥质岩为主,见有少量元古界念青唐古拉岩群及雅鲁藏布缝合带蛇绿混杂岩,缺失古生界。第四系零星发育于断陷盆地(东部地区)、澜沧江、怒江、雅鲁藏布江及其支流河谷,以及砂板岩、沙泥岩、砂页岩、片岩、片麻岩谷坡和高山冰蚀地区,成因类型以冲积、洪积、残坡积、冰碛及冰水沉积为主。各分区地层岩性简述如下:

1. 冈底斯—腾冲地层区比如—洛隆分区

冈底斯—腾冲地层区比如—洛隆分区位于嘉黎—易贡断裂带与班公错—怒江缝合带之间，处于易贡藏布江以北，怒江以南的地区，近东西向分布。该地层分区主要出露砂板岩、中酸性火山岩、碳酸盐岩及片麻岩类，并发育多尼组煤系地层，碳酸盐岩溶不发育。除了有小面积的前震旦纪和古生代地层体零星分布外，绝大部分地层都是中、新生代的沉积岩、火山岩和岩浆岩。特别是白垩纪、第三纪的火山岩地层厚度巨大，分布广泛，组成冈底斯—腾冲地层区火山弧的主体，冈底斯—腾冲地层区比如—洛隆分区岩性划分见表 5.4。

表 5.4 冈底斯—腾冲地层区比如—洛隆分区岩性划分

年代地层单位			代号	名称	岩性特征
界	系	统			
新生界	新近系		N_1	拉屋拉组	紫红色砾岩、砂岩、泥岩
	古近系		$K_2\text{-}Ez$	朱村组	中酸性凝灰岩、火山角砾岩、集块岩、安山岩、英安岩
中生界	白垩系	上统			
		下统	K_1b	八宿组	紫红色泥岩、变质粉砂岩、砂岩、砾岩夹黏土岩
	侏罗系	上统	J_3K_1d	多尼组	砂岩、板岩、灰质页岩夹煤线
			J_3l	拉贡塘组	板岩、粉砂岩、页岩
			$J_{2-3}w$	瓦大组	千枚岩、板岩、结晶灰岩夹变质砂岩
		中统	J_2l	柳湾组	结晶灰岩、大理岩、岩屑灰岩夹钙质黏土岩
			J_2m	马里组	板岩、变质砂岩、砾岩夹少量灰岩
	三叠系	上统	T_3wp	瓦蒲组	灰色板岩、砂岩、结晶灰岩，局部夹安山岩
古生界	二叠系	下统	P_1nc	纳错组	上部砂岩、板岩夹变质砂岩；下部砂岩、板岩
	石炭系	中统	C_2		怒江为变质玄武岩、绿片岩、生物灰岩；澜沧江—带为变质砂岩、板岩夹灰岩
		下统	C_1g	古米组	变质砂岩、板岩、大理岩
		未分	Cmd	莫得组	板岩、砂岩夹砾岩、灰岩及火山岩
	未分古生界		$Pzjy^2$	嘉玉桥群上段	片岩、千枚岩、板岩、夹变质砂岩、大理岩
			$Pzjy^1$	嘉玉桥群下段	大理岩、白云质灰岩、灰岩
太古宇	前震旦系		$Ptnn$	念青唐古拉群	混合岩、混合岩化黑云斜长片麻岩、变粒岩、闪长角闪岩

2. 冈底斯—腾冲地层区拉萨—波密分区

冈底斯—腾冲地层区拉萨—波密分区位于雅鲁藏布江缝合带与嘉黎—易贡断裂带之间，在雅鲁藏布江中游大致沿江左岸及其以北地区近东西向分布。该地层分区主要出露砂板岩、砂砾岩、中酸性～中基性火山岩及片岩、片麻，发育林布宗组煤系地层。

其中,罗布莎群伴随雅鲁藏布江大断裂出露,岩质软弱,常形成沟槽谷地。前寒武纪基底变质岩系以念青唐古拉山岩群为主,主要分布在里龙以东,岩石类型主要为一套条带状混合岩及各种长英质片麻岩,原岩主要为一套砂泥质—火山岩系。古生界分布在基底变质岩系两侧,主要发育石炭系～二叠系,基本上为连续沉积,为一套浅变质的浅海相碎屑岩—碳酸盐岩建造。中生界主要分布于河谷地带,为一套火山岩、浅海相碎屑岩—碳酸盐岩建造。新生界分布于山麓盆地,主要为陆相火山岩夹碎屑沉积岩组合。该地层分区岩浆岩十分发育,除上述大量中新生代火山岩外,侵入岩也十分丰富,在该地层分区构成南北宽为100～300 km的巨型冈底斯—察隅岩浆岩带,冈底斯—腾冲地层区拉萨—波密分区岩性划分见表1.2。

3. 喜马拉雅地层区

喜马拉雅地层区位于雅鲁藏布江缝合带与喜马拉雅主边界断裂之间,在雅鲁藏布江中游,大致沿雅鲁藏布江右岸及其以南地区分布。该地层区主要出露朗杰学群砂板岩和南迦巴瓦群片岩、片麻岩。朗杰学群砂板岩相对软弱,地表上常形成中高山。南迦巴瓦群岩质相对坚硬,地貌上常形成高山、最高山。出露的最老地层为中上元古界,主要为南迦巴瓦岩群的混合岩、片麻岩夹大理岩、麻粒岩,聂拉木群的片岩—大理岩组合,局部分布有拉轨冈日群的变质碎屑岩—基性火山岩建造构成的片麻岩穹隆,其中南迦巴瓦岩群构成该地层区的变质基底;古生界～中生界发育较全,主要为浅变质的浅海相碎屑岩—碳酸盐岩建造;新生界碎屑岩在西段零星分布。该地层区零星分布有花岗岩穹隆,喜马拉雅地层区岩性划分见表1.3。

4. 雅鲁藏布江地层区

雅鲁藏布江地层区位于雅鲁藏布江断裂带与仲巴—拉孜—邱多江断裂带之间的近东西向的狭长区域,大致沿雅鲁藏布江分布,但主体多见于右岸。该地层区主要指沿雅鲁藏布江分布的沉积杂岩和罗布莎蛇绿泥岩带,岩质相对软弱,常形成沟谷、沟槽。该区岩性复杂,出露的最老地层为中上二叠统,中生界出露广泛,新生界零星分布。

根据岩性及其组合特征可分为有序地层和无序地层两大部分。

有序地层主要指在缝合带内保持正常层序的沉积建造,如分布在仁布—羊湖—朗县一带的朗杰学群,分布于萨迦、拉孜、萨嘎、仲巴一带的修康群,为一套浅变质的砂板岩为主的复理石建造;此外,还包括分布于日喀则的白朗蛇绿岩套,主要指在晚侏罗世—早白垩世形成的一套有序蛇绿岩石地层体,下部为变质超镁铁质岩+镁铁质岩墙群;中部为变质枕状玄武岩+基性侵入岩;上部为变质硅质岩。

无序地层主要指由基质与构造岩块组成的构造—沉积混杂岩体,基质与岩块之间多为断层接触;基质主要为上二叠统～三叠系的复理石建造的变质砂板岩组合;构造岩块岩性及来源复杂,包括蛇绿质和外来正常沉积岩,岩体变形强烈,完整性差,雅鲁藏布江地层区岩性划分见表1.4。

在空间分布上，以仁布为界，东西向存在明显的差异。仁布以东沿江左岸以混杂岩、蛇绿混杂岩为主，右岸主要以朗杰学群的浅变质砂板岩、云母石英片岩为主；仁布以西，特别是拉孜以西—萨嘎河段右岸为修康群的板岩、页岩、变质细砂岩及石英岩。

5.3 大地构造分区和区域地质构造

5.3.1 大地构造分区

青藏高原自早古生代以来，经历了多期古特提斯洋板块的扩张、俯冲、消减，产生了多期强烈的构造变形、岩浆侵入、火山喷发和区域变质事件，在青藏高原内部形成4条总体近东西向展布、规模巨大的板块缝合带，及被其分隔开的5个地块。自南向北4条缝合带依次为雅鲁藏布江缝合带(YZS)、班公错—怒江缝合带(BNS)、可可西里—金沙江缝合带(HJS)和阿尼玛卿—南昆仑缝合带(SKS)。这4条缝合带上都有蛇绿岩出露，表明是曾经存在、现在已消亡了的大洋地壳的遗迹，它们分隔了地质时期两侧的大陆。在青藏高原北侧祁连山地区尚发育南祁连缝合带、中祁连缝合带和北祁连缝合带。在缝合带之间发育相对稳定的构造块体或地体(李廷栋、肖序常，1996年)，自南向北依次为喜马拉雅地块、冈底斯—拉萨地块、羌塘—三江地块、可可西里—巴颜喀喇地块和昆仑地块；在喜马拉雅南侧为印度陆块，两者之间以中央断裂(MCT)和主边界断裂(MBT)相接触；在东昆仑山北侧发育祁连地块，在西昆仑北侧发育塔里木盆地。

研究区冈底斯—拉萨地块(冈底斯—念青唐古拉褶皱系)及喜马拉雅地块(喜马拉雅褶皱系)2个大地构造区，地质力学观点将它们都划为歹字形构造体系的组成部分，如图5.6所示。

喜马拉雅地块与冈底斯—拉萨地块之间发育雅鲁藏布江缝合带。冈底斯—念青唐古拉地块南缘以雅鲁藏布江深大断裂带为界与喜马拉雅地块毗邻。主构造线由北北西或北西向渐转为北西西或东西向，由一系列彼此平行展布的断裂带与线性褶皱组成。断裂带规模巨大，一般都在100 m以上。喜马拉雅地块位于雅鲁藏布江大断裂以南，由一系列东西向展布的断裂和褶皱组成。下面简要描述研究区内的地块及缝合带的特点。

1. 喜马拉雅地块

喜马拉雅地块南起主边界断层，北到雅鲁藏布江缝合带的整个喜马拉雅山。它是冈瓦纳的一部分，有着与印度大陆相似的地质历史；所不同的是印度地盾是印度陆块的核心部分，长期处在陆地剥蚀状态，而喜马拉雅地块已远离大陆核心，至少自古生代以来一直为浅海所覆盖，是印度次大陆的广阔大陆架，而且中生代以来为印度次大陆的北部边缘,成为与大洋相连接的斜坡,直至始新世;长期以来一直接受沉积,沉积总厚度可达 20 km,是世界上沉积时间最长、保存最完整的地层剖面;其中晚石炭世的冰川作用在印度地盾为典型的大陆冰积物,而在喜马拉雅为冰海相杂砾岩堆积。与印度地盾的另一区别是在喜马拉雅运动中遭受了强烈的造山作用,形成典型的前陆褶冲带,构造线方向与弧形山系走向完全一致,冲断面与褶皱轴面近平行,一致向南推进,直至现代的恒河平原北缘断层,其成因都是由印度地盾向下插的剪切应力造成的,形成前进式褶冲叠加楔,并最终被抬升成世界最高山脉;而印度地盾几乎没有受到这次运动太大影响。

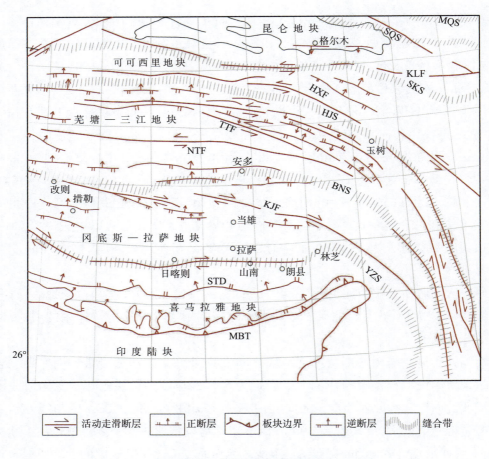

图 5.6　青藏高原大地构造图

2. 雅鲁藏布江缝合带

雅鲁藏布江缝合带是高原上最晚的一条大陆焊接带,西与印度河缝合带相接,向东经阿依拉山、门土、过马攸木山口后大体顺雅鲁藏布江河谷,绕过大拐弯后向南急拐,在我国界内长达 2 000 多公里。雅鲁藏布江缝合带由蛇绿岩、混杂岩和一套海相沉积所组成,标志了它由海洋岩石圈在消亡过程中经构造变形后的残迹。雅鲁藏布江蛇绿岩带是高原上最新、保存最完好的蛇绿岩带,从放射虫化石的时代来看大洋地壳的形成主要在侏罗纪和白垩纪时期。但是从西藏南部被动大陆边缘的沉积物性质看,晚三叠世时这个洋盆已初具规模,侏罗、白垩纪时继续扩张,侏罗纪起已成为远离大陆、陆源物质达不到的远洋盆地,白垩纪时洋盆最大,据古地磁资料其宽度在1500 km以上,这个大洋人们通常称之为新特提斯。然而,新特提斯洋自白垩纪中期以来迅速向亚洲大陆下面消减而收缩,至始新世印度次大陆与亚洲大陆相接壤,新特提斯即告消亡。目前所见蛇绿岩和混杂岩就是在俯冲、碰撞过程中被挤压上来的洋壳残片,代表了两个大陆碰撞的接壤地带,因此这是喜马拉雅地块与拉萨地块的焊接带。变形以冲断混杂带为特征,具复杂的挤压理化、揉褶冲断和构造透镜体等特点。

3. 冈底斯—拉萨地块

冈底斯—拉萨地块有人亦称冈底斯地块,南起雅鲁藏布江缝合带,北到班公错—怒江缝合带。早期也是冈瓦纳大陆的一部分,比喜马拉雅地体离印度次大陆核心更远,二叠纪时已脱离冈瓦纳大陆,成为一个独立的块体向亚洲漂移。因此,古生代的地质历史与喜马拉雅基本相似,晚石炭系也属冰海相杂砾岩堆积,二叠纪的舌羊齿植物群更不如喜马拉雅的典型,且有华夏植物群的浑生,说明其位于冈瓦纳与华夏大陆之间,或者离两者都不远。中生代以来的历史与喜马拉雅地块有明显的区别,除了沉积物与生物群的不同外,白垩纪晚期已经逐渐升出海面,第三纪以来主要为陆相堆积。在喜马拉雅运动中,南部冈底斯山是岩浆火山弧,北部为弧后盆地。在变形形式上主要为基底活化与盖层褶皱冲断,北部弧后盆地具弧后前陆式褶冲带。冈底斯岩浆是个复合杂岩带,通常有三个活动阶段叠加在一起,但仍有规律可循,岩带南部偏中基性,时间上较早,岩带北部偏酸性,活动时间较晚,岩体较小,岛弧火山从中侏罗世已有喷发,如拉萨南—桑日一带,晚白垩系至晚第三纪火山喷发最盛,而且向北岩浆源有加深的趋势,北部出现白榴石玄武岩和响岩,表明大陆碰撞造山后雅鲁藏布江缝合带仍在活动,在这里俯冲是存在的。

5.3.2 区域地质构造及演化

青藏高原是个多块体拼合的整体,各地块形成先后不一,整个高原经历多次拼合最后才形成一个整体。研究区位于青藏高原的南部,区域地质构造运动特征及演化与青藏高原的地质构造演化息息相关。青藏高原自早古生代以来,经历了多期特提斯古大洋板块俯冲和区域构造运动,产生多期强烈的构造变形、岩浆侵入、火山喷发和区域变质事件,形成了5条总体近东西向、向东南转为北北西—近南北展布,规模巨大的板块缝合带。一般而言,在缝合带之间的构造块体是相对稳定的,但是与青藏高原腹地相比,在青藏高原南部缝合带之间的地块相对狭窄,相应地造成这里的地质构造更为复杂。

青藏高原的地质记录及地球物理等信息,较为清楚地反映了中生代以来与冈瓦纳大陆北缘裂解有关的特提斯洋盆及其大陆边缘和岛弧(陆块),亦即洋壳和陆壳的相互作用和相对离合的历史。横贯加查东西的雅鲁藏布江缝合带(罗布莎、藏木蛇绿岩群和邱多江—卡拉蛇绿岩为标志),代表了两侧陆缘之间的洋壳,是经过多层次、多阶段、多样式的错综复杂的构造变动之后保留下来的洋壳残片,雅鲁藏布江缝合带最初被认为是冈瓦纳大陆与欧亚大陆汇聚的缝合线(常承法等,1974年)。

后来,不少学者指出,雅鲁藏布江缝合带和它北面的所谓"第二缝合带"(班公错—怒江带)都不能作为冈瓦纳大陆的北界,而是古生代以后,冈瓦纳大陆北缘陆壳发生分离而又敛合的产物(李春笠等,1982年;王鸿祯,1983年;肖序常,1983年;刘增乾等,1983年;郝子文等,1983年;王乃文,1984年)。

近年来,不少学者深入研究后又进一步指出:以蛇绿岩为主要标志的雅鲁藏布江缝合带,代表中生代冈瓦纳大陆内部一条重要的板内缝合带,是特提斯小洋盆最终闭合的一次大规模的板块俯冲—碰撞事件的直接产物(黄汲清等,1987年;肖序常,1989年;周详东1989年,王希斌,1994年,潘桂堂等,2004年),其北部的班公错—怒江带才是主洋盆所在,代表了冈瓦纳大陆与欧亚大陆汇聚的碰撞缝合线(带),该认识已越来越得到认同。

据青藏高原沉积岩相建造、岩浆活动、变质变形作用及地球物理资料,运用板块构造理论,研究区区域构造可划分为4个大的演化阶段,即陆壳基底生成发展阶段,古特提斯班公错—怒江主大洋形成演化阶段,新特提斯雅鲁藏布江弧后洋盆形成发展阶段,陆壳改造—高原隆升发展阶段。青藏高原特提斯构造演化如图5.7所示。

1. 陆壳基底生成发展阶段

青藏高原南部邻区为古元古代固结形成的印度地盾,研究区位于印度地盾以北,其基底是经过泛非期(500~600 Ma)的变质作用和构造运动形成的褶皱变质基底(潘桂棠等,2004年)。

古中元古代时,喜马拉雅—冈底斯为冈瓦纳古陆印度陆核北缘活动型边缘沉降带,经历了中元古末期重要构造热事件之后,形成的麻粒岩相—角闪岩相—高绿片岩相区域动力热流变质作用而构成的冈瓦纳古陆北缘结晶基底。在高喜马拉雅—冈底斯古中元古代结晶基底的软弱部位,又沉积新元古代~寒武纪的肉切村群、曲德贡岩群、波密岩群,并经历500~600 Ma的泛非期构造热事件,形成绿片岩相变质岩,从而构成班公错—怒江结合带及其以南的"泛非期褶皱变质基底"(谢尧武等,2007年)。上覆盖层为奥陶纪以来的稳定型陆源海沉积。

5 区域地下热水发育的地质背景

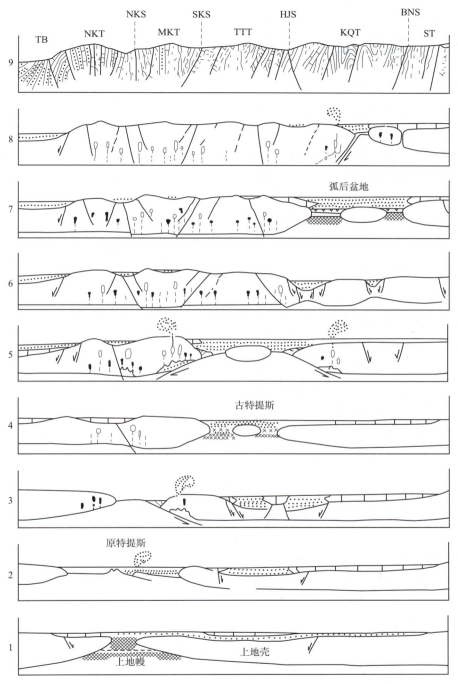

TB—塔里木盆地；NKT—北昆仑地块；NKS—北昆仑缝合带；MKT—中昆仑地体；SKS—南昆仑缝合带；
TTT—塔什库尔干—甜水海地块；HJS—红山湖—金沙江缝合带；KQT—喀喇昆仑—羌塘地块；
BNS—班公错—怒江缝合带；ST—狮泉河地块；
1—震旦纪(Z)；2—寒武纪～奥陶纪(∈-O)；3—奥陶系～志留纪(O-S)；4—石炭纪～二叠纪(C-P)；
5—二叠纪—三叠纪(P-T)；6—三叠纪(T-J)；7—侏罗纪(J)；8—侏罗纪～白垩纪(J-K)；9—新生代(Kz)。

图5.7 青藏高原特提斯构造演化图(潘裕生,2010年)

2. 古特提斯班公错—怒江主大洋形成演化阶段

高喜马拉雅—冈底斯陆块经历了奥陶纪至泥盆纪稳定宽阔的台地沉积。在班公错—怒江带南延昌宁—孟连地区沉积了泥盆纪含放射虫硅质岩、含笔石浊积岩和少量镁铁质火山岩，为古特提斯洋盆的形成拉开了序幕。石炭～二叠纪时，云县铜厂街地区发育典型的蛇绿混杂岩带，由方辉橄榄岩、堆晶二辉岩—辉长岩、玄武岩、方氏虫硅质岩与砂板岩和外来灰岩岩块形成的蛇绿混杂堆积岩（张旗等，1992年）。其中，火山岩包括相当于 T-MORB（Handerson，1984年）和相当于 E-MORB 两种岩类的玄武岩，统称为洋脊—准洋脊型玄武岩（莫宣学等，1995年）。根据蛇绿岩中放射虫硅质岩和东侧晚古生代火山—岩浆弧的时代，班公错—怒江—昌宁—孟连洋盆至少在晚古生代时已演化为成熟洋盆（潘桂棠等，2004年）。

在班公错—怒江古特提斯洋盆以南，高喜马拉雅—冈底斯稳定型台地于二叠纪转化为伸展裂陷大陆边缘（潘桂棠等，1996年；Sciunach，1997年；Garzanti 等，1999年；王根厚等，2000年）。1∶200 000 拉萨幅在拉萨之北中二叠世洛巴堆组中获得 292.5 m以上板内拉张碱性玄武岩和 880 m 以上早中三叠世岛弧型安山质火山岩；1∶200 000 沃卡幅在工布江达县松多及其以北获得呈东西向带状分布的三叠纪闪长岩、花岗闪长岩及黑云二长花岗岩（年龄 203.6～223.3 Ma）侵入体。上述表明班公错—怒江洋盆三叠纪向南俯冲是冈底斯北缘一次重要的造弧事件，发育了相应的岛弧岩浆作用和碱性火山活动，并导致喜马拉雅和冈底斯之间在二叠纪伸展的基础上，三叠纪进一步发展成为冈底斯弧后雅鲁藏布江洋盆。这就是冈瓦纳大陆北缘特提斯大洋南侧与冈底斯古岛弧带相对应的中生代弧后扩张盆地（潘桂棠等，2004年）。

3. 新特提斯雅鲁藏布江弧后洋盆形成发展阶段

中生代～新时代时期，青藏地区进入了新特提斯雅鲁藏布江弧后洋盆形成发展阶段。据其演化特点，进一步划分为三个次级演化阶段：

1）雅鲁藏布江洋盆扩张阶段（$T-J_1$）

受班公错—怒江洋盆向南俯冲消减作用的推动，导致冈底斯造弧事件并使喜马拉雅带在石炭～二叠纪伸展作用的基础上，古陆北缘陆表海进一步拉张，雅鲁藏布江洋盆开始打开，至晚三叠世中晚期在玉门发展成初始洋盆。发育低钾、中钛枕状大洋拉斑玄武岩和远洋硅泥质复理石沉积，喜马拉雅被动大陆边缘坳陷盆地沉积了巨厚的浅海—半深海复理石建造，冈底斯弧前盆地发育了一套巨厚活动型半深海—深海相含基性火山类复理石建造之朗杰学群。形成了喜马拉雅曲龙共巴浅海台地—涅汝边缘坳陷盆地—玉门初始洋盆—章村弧前盆地—冈底斯岛弧之构造格局。

侏罗纪～白垩纪时雅鲁藏布江洋盆进一步扩张，洋盆中心向北迁移，发育具洋壳特征的变形橄榄岩、堆晶辉长岩和侏罗纪～白垩纪枕状大洋拉斑玄武岩、远洋含放射虫硅质岩的蛇绿岩。在喜马拉雅被动大陆边缘坳陷沉积了早侏罗世浅海盆地相碳酸盐岩建造,中晚侏罗世浅海陆源碎屑建造,白垩纪双峰式裂谷型火山岩及陆源碎屑岩建造,总厚达万米以上,向南部边缘显著减薄,厚度仅为三千余米。在章村弧前盆地沉积了一套巨厚的冲积扇—深海平原复理石沉积。

2)俯冲消减阶段(J_2-K_1)

雅鲁藏布江洋盆至少在侏罗纪时向北俯冲消减,使冈底斯陆块转化为活动大陆边缘,发育了中晚侏罗世叶巴组岛弧火山岩和白垩纪岛弧火山碎屑建造,伴随火山活动由南向北发生了早白垩世大规模的同熔 I 型苏长岩—闪长岩—石英闪长岩—英云闪长岩—花岗闪长岩—二长花岗岩浆侵入,以及与其有关的斑岩型 Cu、Mo、Au 的成矿作用。南部喜马拉雅特提斯带继三叠纪之后沉积了一套侏罗纪、白垩纪被动大陆边缘泥质碳酸盐岩建造和陆源碎屑岩建造。

3)闭合—碰撞阶段(K_2-E_1)

白垩纪末~古近纪,雅鲁藏布江洋盆相继封闭,喜马拉雅陆块与冈底斯陆块强烈挤压碰撞,使雅鲁藏布江洋盆残片地幔岩—超镁铁岩、枕状玄武岩、块状玄武岩、辉长堆晶岩、三叠纪和侏罗纪—白垩纪远洋含放射虫深水沉积、喜马拉雅特提斯带中稳定型台地相早二叠世碳酸盐岩块,以及白垩纪弧前盆地类复理石沉积混杂在这一窄长地带内,形成了规模巨大的雅鲁藏布江缝合带,在冈底斯带上发生大规模的同构造 S 形花岗岩浆侵入,以及与之有关的 W、Sn、Be 等的矿化作用。

4. 陆壳改造—高原隆升发展阶段(N-Q)

继古近纪雅鲁藏布江缝合带两侧陆壳碰合之后,新特提斯的残余海水自东向西退却,但构造变形并未结束,由于印度陆块持续快速向北漂移,产生自南而北的推挤作用,使雅鲁藏布江缝合带南北大范围的地壳持续缩短与加厚,岩浆活动亦未停息,以陆内俯冲—岩石圈剥离—地壳增厚等超碰撞效应为特征的陆内调整时期,新构造、活动构造随之开始,这一阶段大致可分为两个时期:

1)古近纪末~中新世(E_3-N_1)

这一时期的主要特点是地壳缩短加厚,主要地质事件有:

(1)冈底斯岛弧型钙碱性近陆浅海相火山岩(旦师庭组)喷发最终停息[安山岩 Rb-Sr 等时年龄为(73.24±18.54)Ma,时代为晚白垩世—古新世]。

(2)冈底斯岛弧型钙碱性中酸性深成岩(I 型、Is 型花岗岩)晚期组合及高温变质带最终形成,最新的 S 型石榴二云二长花岗岩(K-Ar 年龄为 29.7 Ma,时代为渐新世)侵入。

(3)罗布沙陆缘山麓磨拉石(如大竹卡砾岩)形成,时代主要为渐新世—中新世。

(4)雅鲁藏布江缝合带由壳幔型韧性剪切带进一步发展为壳内型韧性推覆剪切带,由韧性逆冲推覆转变为右行脆—韧性走滑作用。

(5)由于青藏高原隆升,发生上部构造层次之伸展滑脱挤出作用,在构造薄弱地带发生浅色花岗岩侵入,并形成了著名的西藏南部拆离系和拉轨岗日、康马、隆子一带核杂岩构造。

2)上新世～第四纪(N_2-Q)

这一时期的主要特点是喜马拉雅山和整个青藏高原大幅度隆升,其主要标志是喜马拉雅南麓西瓦里克陆内俯冲带的形成。这表明大陆碰撞之后,板块俯冲带向南迁移,形成主边界断裂。在测区有重要意义的地质事件如下:

(1)随青藏高原隆升,雅鲁藏布江谷地下切,雅鲁藏布江断裂产生微弱正断活动。

(2)青藏高原南北向活动构造形成(N_2-Q_1)。

(3)高原各级夷平面和河谷阶地形成(N_2-Q_4)。

(4)第四纪冰期的出现(Q_3-Q_4)。

(5)部分大型边界断层由逆冲转变为走滑(如嘉黎断裂等)。

(6)在第四纪湖相中产生规模不大的正断层(林芝—派镇地区的第四纪断层)。

(7)受新构造、活动构造影响,地震、地热活动发育。

(8)南迦巴瓦快速隆升,雅鲁藏布江急剧下切,从而形成雄伟壮观的世界第一大峡谷——雅鲁藏布江大峡谷。

需特别指出的是,Q_1(有的学者界定为3.4 Ma)以来产生的构造运动称为新构造运动(或青藏运动),它虽是喜马拉雅运动的继续,但它却在构造运动特点、变形特征、构造形迹等诸方面都有别于K～N时期的喜马拉雅运动。新构造、活动构造有关内容将在下面讨论。

5.3.3 断裂构造分布特征

雅鲁藏布江中游地区断裂构造发育,断裂构造格架以近东西向为主,其次为近南北向、北北东～北东向和北西向,其构造属性、规模、活动时代、活动强度等具有明显的差异。近东西向断裂规模宏大,具深大断裂性质,多为逆冲、走滑断层,最新活动时代多在第四纪早、中期。近南北断裂单条规模一般不大,常集中成带分布,构成近南北向或北北东向的剪切、拉张断裂构造带,分布具有等间距特点,其间距为150～200 km,在雅鲁藏布江中段集中且规模大,向东、西两侧规模渐小,多形成于第四纪初期,晚第四纪以来活动明显。北东向断层主要分布于拉孜—彭错林一带,单条规模不大。北西向断层分布较少,规模较小。

1. 近东西向断裂构造

1)雅鲁藏布江断裂带

雅鲁藏布江断裂带又称达吉岭—昂仁—仁布—朗县断裂带,为冈底斯—腾冲微陆块与雅鲁藏布江缝合带的分界断裂,达吉岭以西呈北西走向沿雅鲁藏布江北岸经公珠错、噶尔河西南岸延出与印度河断裂相接,以东经昂仁、拉孜、白朗、仁布、泽当、加查、朗县近东西向展布,至米林后绕雅鲁藏布江大拐弯转折至墨脱,然后折向南东延至缅甸,全长约 2 000 km,规模巨大。

断裂面总体倾向南,东段(朗县以东)倾向北～北西,倾角较陡(60°～70°)。断裂带宽数十米～百余米,带内发育断层泥、构造片理化带、碎裂岩、构造角砾岩等不同脆性碎裂岩系列,硅化、绿泥石化、蛇纹石化普遍,并常见石英脉沿裂隙充填,部分地段影响带可达数百米。断裂北盘主要为冈底斯中～酸性岩基、日喀则群(K_2R)弧前盆地沉积及错江顶群($E_{1-2}c$)、秋乌组(E_2q)、大竹卡组(E_3N_1d)磨拉石建造;南盘主要为雅鲁藏布江蛇绿岩带,由蛇绿混杂岩片、蛇绿混杂岩块和蛇绿岩套组成。断裂主要表现为向北逆冲的逆断层,以脆韧性—韧脆性为主。该断裂带新活动性具明显的分段性,米林以东下游地区活动性强烈,主要表现为第四系覆盖层内发育褶皱、断层,地震活动频繁且震级高,地热异常等;米林以西—仲巴的中游水电规划河段晚第四系以来活动性相对较弱。

2)仲巴—拉孜—邱多江断裂带

仲巴—拉孜—邱多江断裂带为雅鲁藏布江缝合带与喜马拉雅构造带的分界断裂,总体呈东西向展布于雅鲁藏布江以南地区,萨嘎以西逐渐偏转为北西西向,东段与北东向拆离断层交汇,在地形上多呈现为大的沟谷、鞍部、垭口等凹地负地形,规模巨大,延伸长度大于 2 000 km。

断裂带以南主要为中生界三叠系～白垩系浅海大陆架沉积,北侧主要为雅鲁藏布江缝合带三叠纪～白垩纪的蛇绿构造混杂岩系,仁布以东主要为卷入雅鲁藏布江缝合带的上三叠统朗杰学群砂板岩。断裂面总体倾向北,局部倾南,倾角较陡(70°～80°)。断裂带宽数十米～数百米,主要由构造角砾岩、透镜体、构造片理、断层泥等组成,断面清晰,有明显的擦痕及阶步。该断裂带除米林以东的新活动性强烈外,米林以西—仲巴的中游河段新活动性相对微弱。

3)狮泉河—嘉黎断裂带

西自狮泉河,向东经麦堆、阿索、果芒错、孜挂错、格仁错、申扎永珠、纳木错西,再向东经九子拉、嘉黎、波密等地,延伸上千公里,呈北西西—东西—南东方向展布,是一条区域性深大断裂带,也是申扎—措勤地层分区与班戈—八宿地层分区的界线,该带西延被塔什库尔干—噶尔大型走滑断裂截接。由于受大型逆冲与后期走滑断裂的影响,带内蛇绿混杂岩呈断续分布,主要分布在阿里地区狮泉河、尼玛县邦多区阿索、申扎县北永珠、格仁错、当雄县纳木错西岸、嘉黎县久之拉等地。断裂带经历了多期不同性质的活动,表现在断裂带上多条平行断裂的活动性质各异,并出现不同时代地层呈断夹块断陷于断裂带中,逆冲、正断均可见。通过对断裂两侧的地面高程、山顶面高程分析和裂变径迹样品测试分析,晚新生代以来伴随高原隆升表现为大规模走滑平移。地震活动强烈,申扎、九子拉、当穿麦、申扎、纳龙大震及一系列中小型地震沿断裂带集中成带分布;沿断裂发育多处温泉和钙华点。狮泉河—嘉黎断裂带是一条长期活动的断裂带,全新世活动明显。

4) 冈底斯南缘断裂带

冈底斯南缘断裂带位于大竹卡以西的冈底斯—念青唐古拉地块的南缘,彭错林以西沿多雄藏布右岸北西西向展布,以东沿雅鲁藏布江河谷近东西向展布,全长约 480 km。断裂带遥感影响清晰,沿线断层崖、断层三角面、线状谷地等地貌明显,控制了多雄藏布、大竹卡等渐新世~中新世和上新世~更新世断陷盆地的沉积,并受到切割;断裂走向舒缓波状,断层面多倾南,倾角较陡;破碎带宽约数十米~百余米,主要由构造角砾岩、透镜体、碎裂岩等组成。南盘主要为白垩系日喀则群砂岩、页岩等复理石沉积及蛇绿混杂岩,北盘主要为秋乌组、大竹卡组砾岩等断陷盆地磨拉石沉积。错断渐新统~中新统,显示出第三纪晚期有强烈活动,未发现晚第四纪的活动形迹。

5) 冈巴—定日断裂带

冈巴—定日断裂带为喜马拉雅构造带之北喜马拉雅构造亚带带内的次级断裂带,西起普兰之东,向东经吉隆、定日、岗巴至错那以东一带,总体近东西走向,延伸长约 800 km,距雅鲁藏布江河谷较远,南距雅鲁藏布江 50~100 km。该断裂为一倾北的大型逆冲推覆构造,南北两侧中、新生界沉积环境有一定差异,南侧为浅海沉积,北侧含有次深—深海相沉积,而且火山岩相对发育。断裂带具一定的活动性,是西藏南部地区重要的地热活动带,地热强烈,但比较分散,地震活动不强烈。

6) 藏南拆离系

藏南拆离系是北喜马拉雅构造带与高喜马拉雅构造带的边界断层,是一个沿喜马拉雅造山带展布方向(近东西向)延伸的总体倾向北的低角度正断层系。延伸长约 2 000 km,东西两端归并于雅鲁藏布江缝合带。上盘为藏南特提斯沉积岩系,主要由印度陆块北缘寒武系~始新统特提斯被动大陆边缘沉积和早期喜马拉雅前陆盆地系统沉积组成。在延伸方向上,由于受到后期断裂影响,连续性遭到破坏。该断裂带靠北侧主要表现为脆性正断层,靠南侧主要表现为韧性正断层。

2. 近南北向断裂带

根据近南北向伸展断裂带发育规模、强度与延伸连续性展布规律特点,将西藏南部地区雅鲁藏布江流域划分出 8 组由多条断裂构成的总体近南北向展布的活动断裂带(图 5.8),自东而西依次为(与图 5.9 中相应编号对应):

(1) 桑日—错那断裂带。

(2) 亚东—谷露—桑雄断裂带。

(3) 定结—谢通门—申扎断裂带。

(4) 定日—许如错—当惹雍错断裂带。

(5) 打加错断裂带。

(6) 格马—麦穷错断裂带。

5 区域地下热水发育的地质背景

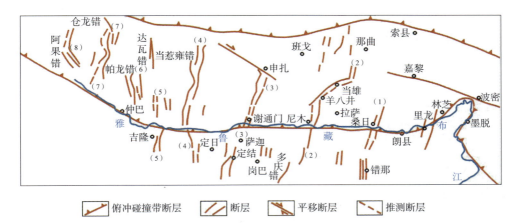

图 5.8 雅鲁藏布江流域近南北向构造分布略图(据韩同林 1986 年修编)

(7)帕龙错—仓木错断裂带。

(8)阿果错—错呐断裂带。

与雅鲁藏布江中游规划河段关系密切的有桑日—错那、亚东—谷露、定结—谢通门—申扎、定日—许如错—当惹雍错断裂带。桑日—错那、亚东—谷露断裂带对研究区产生影响,其他距研究区较远,不做介绍;朗县—米林一带分布的一些断裂对研究区有一定影响,其主要特征如下:

1)桑日—错那断裂带

该构造带自沃卡以北,向南穿过雅鲁藏布江,断续延伸至错那一带,长约 220 km,东西宽为 30~40 km。断裂带由一系列北北东向、北北西和近南北向断裂组成。断层控制水系、湖盆和地堑、半地堑式断陷盆地的发育,主要断陷盆地有邱多江断陷盆地、马如断陷盆地、拿日雍错断陷盆地、哲古错断陷盆地及曲松盆地等。断裂带内变形强烈,断层岩破碎、松散、断层泥发育,在沃卡增期乡可见断层错断Ⅲ级阶地现象,新活动特征明显,沿断裂带分布一系列温泉、断层三角面等,1915 年 12 月 3 日沃卡 7 级地震发生在该断裂带与雅鲁藏布江断裂带的交汇处附近。

2)亚东—谷露断裂带

亚东—谷露断裂带北起唐古拉山口以北,向南南东方向延至亚东一带,全长约 650 km。该断裂带是青藏高原中南部一条规模巨大、活动强烈的地质与地震构造带,由多条断裂及其控制的第四纪断陷盆地组成。断裂带中段控制喜马拉雅早期花岗岩分布和火山熔岩喷发,地热活动强烈。在雅鲁藏布江以北,断裂带构成西藏中部与西藏东部地区的地质、地貌和构造的分界线,为当雄—羊八井盆地两侧的主边界断裂。沿断裂带发育断层崖、断层三角面和悬谷等,航磁异常和地热异常明显,温泉呈线状分布,水温超过 70℃,该断裂带于 1951 年 11 月 18 日当雄北发生过 8 级地震,属全新世活动断裂。

3) 雅鲁藏布江中游朗县—米林一带

分布有巴拉劣果—列木切断层、盈则—积拉断层、里龙断层和夺松—比丁断层等4条规模较大的断裂(图5.9和表5.5),走向总体近南北,倾向西,中~陡倾角。断层延伸长48~80 km,最长的夺松—比丁断层长约80 km,最短的巴拉劣果—列木切断层长48 km。破碎带宽5~20 m,多具正断层特征。里龙断裂新活动性明显,里龙镇附近第四系堆积物中可见明显断错现象。

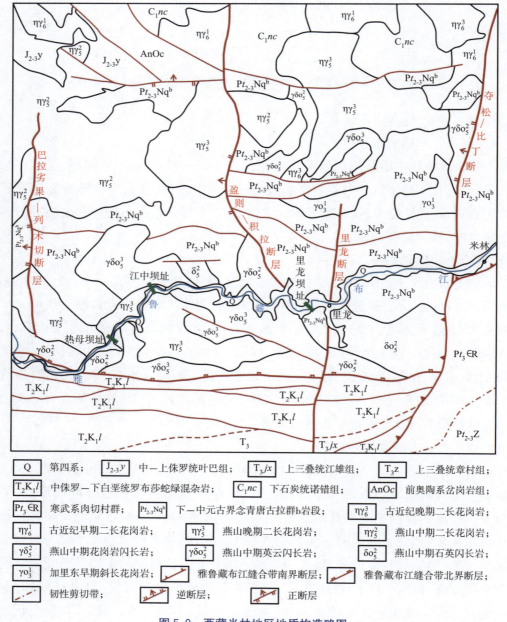

图 5.9 西藏米林地区地质构造略图

表 5.5　朗县—米林地区南北向断层构造特征

断层名称	断层产状	性质	长度(km)	宽度(m)	特　征
巴拉劣果—列木切断层	SN/W∠65°～70°	正断层	48	5～15	断层面舒缓波状，带内岩石破碎，强弱分带，发育平行断层面构造透镜体、构造角砾岩
盈则—积拉断层	SN/W∠45°～70°	正断层	65	10～20	断面波状起伏，带中岩石破碎，强弱分带，发育平行断层面的破劈理、构造透镜体、擦痕等，并叠加水平剪切，断面旁侧发育揉皱
里龙断层	SN/W∠45°～70°	正断层	57	5～15	断层面舒缓波状，带内岩石破碎，强弱分带，发育平行断层面构造透镜体、构造角砾岩
夺松—比丁断层	SN/W∠45°～60°	正断层	80	10	带中岩石破碎，强弱分带，发育平行断层面的破劈理、构造透镜体、擦痕示上盘下落

6 区域水文地质条件

6.1 区域水文地质条件

研究区地形主要为西藏南部高原东部山原河谷区,山体与湖盆相间,峰岭与峡谷并列,山体高大,山间河川深切,峡谷众多。地层岩性从元古宇至新生界均有出露,岩性纷杂;地质构造处于冈底斯—念青唐古拉山地块,主要穿越构造带冈底斯—念青唐古拉褶皱带与雅鲁藏布江缝合带,地质构造复杂,新构造运动强烈。受区域地貌形态、地层岩性、大地构造及气候等各种自然因素的控制,水文地质条件较为复杂。

6.1.1 区域地下水类型

根据含水介质、地下水动力特征,地下水类型可划分为松散岩类孔隙水、碎屑岩类裂隙水、岩浆岩类基岩裂隙水、碳酸盐岩类裂隙岩溶水和地热水 5 种类型。

1. 松散岩类孔隙水

松散岩类孔隙水主要分布于西藏北部、西藏南部地区内流湖盆区和"一江三河"(即雅鲁藏布江、拉萨河、年楚河、尼洋河)宽谷地段及其两侧一级支流中下游谷地中,总面积为 1.9×10^5 km²。西藏北部、西藏南部地区内流湖盆区含水层岩性为砂质卵石、砾石、泥砾,厚为 60~110 m,由湖岸向湖泊中心颗粒逐渐变细,泥质含量逐渐增多,富水性由强到弱,单井出水量一般为 100~1 000 m³/d,最大可达 1 300 m³/d。"一江三河"宽谷及一级支流中下游谷地含水层岩性一般为砂质砾石、卵石夹少量砂层,砂质卵石夹砾石,砂卵砾石和泥质砾石等,厚 30~150 m,最厚可达 200 m,由河岸至山前、由上到下泥质含量增高。富水性强—中等,单井涌水量一般为 1 000~2 000 m³/d,部分可达 3 000 m³/d,在一些干旱支谷如杜琼、曲美等宽谷,单井涌水量为 500~1 500 m³/d,局部地段小于 500 m³/d 或大于 1 500 m³/d,是西藏自治区绝大多数城镇居民生活、饮用水和农业灌溉用水的主要水源。

2. 碎屑岩类裂隙水

研究区层状岩类主要有震旦—寒武系的砂板岩、千枚岩;古生界板岩、千枚岩和石英砂岩、砂岩、页岩;中生界砂页岩、泥质砂岩及古近系红色砂砾岩等,分布最广,面积为 63.76 万 km²。研究区层状岩类主要分布于西藏东部"三江"流域(金沙江、澜沧江、怒江)和喜马拉雅山以北的广大地区。含水带主要为地面以下 50 m 范围内的风化带,储水空间多为受风化作用而扩大的构造裂隙。富水性一般为垂向上强下弱,横向裂隙密集、斜坡宽缓地带和远离谷岸的山区强,其余地带弱,空间分布十分不均。从现有勘探资料分析,该类型地下水富水性以贫乏—极贫乏为主,泉流量为0.64~0.87 L/s,最大达18.56 L/s。单井出水量一般为20~100 m³/d,地下水径流模数为0.19~0.86 L/(s·km²),最大可达1.39 L/(s·km²)。远离谷岸、降水量较大、地形平缓的山区和夹有碳酸盐岩地层地段,富水性较好,局部可达中等富水等级,泉流量为1.51 L/s,单井出水量可达700 m³/d,地下水径流模数平均为1.42 L/(s·km²)。

3. 岩浆岩类基岩裂隙水

西藏自治区块状岩类为花岗岩、闪长岩、花岗闪长岩类和前寒武系深度变质的片岩、片麻岩及时代不明的混合类等,面积为1.588×10^5 km²,主要分布于雅鲁藏布江以北班公错—怒江一线以南地区和喜马拉雅山以南的西藏南部地区。贮水空间主要为风化裂隙,富水性贫乏—中等,局部地区富水程度因岩石的风化、裂隙发育程度和植被、降水量、地形等因素的综合影响而差异较大。西藏南部地区,由于植被发育,降水量大,泉流量为2.35~5.98 L/s,最大值达16.00 L/s。地下水径流模数平均为2.80 L/(s·km²);喜马拉雅山以北地区,植被稀少,降雨量小而蒸发量大,泉流量平均为0.89 L/s,最大可达30.00 L/s。地下水径流模数平均为2.09 L/(s·km²)。

4. 碳酸盐岩类裂隙岩溶水

碳酸盐岩类裂隙岩溶水含水层主要为中、古生代的灰岩、生物灰岩、泥质灰岩等,碎屑呈夹层或互层状产生,纯碳酸盐岩分布面积极小。研究区内构造复杂,碳酸盐岩多呈条带状分布,且区域内降雨贫乏,这些因素都不利于大规模的岩溶发育,赋水空间以溶隙、溶洞为主,由于岩性组合不同,富水性极不均一。念青唐古拉山—伯舒拉岭东北侧及拉萨一带,泉流量为3.60~34.08 L/s,最大可达66.52 L/s,地下水径流模数平均为1.40 L/(s·km²)。

5. 地热水

按地形分类,研究区属于西藏南部河谷带,为地中海—喜马拉雅地热带东支。由于特殊的地质构造背景,区域内有高地热流背景值,并且在局部地区可能存在浅层热源,在区域内沿构造部位出露大量的温泉,一般以泉群的形式出露,基本出露于岩浆岩地区。温泉水样的氢稳定同位素含量(δD)与大气降水接近,表明它的大气起源特征,经循环在构造部位出露,氧稳定同位素含量($\delta^{18}O$)在热水中较高,因为热水在较高的温度下与围岩之间发生同位素交换。温泉流量一般为1~40 L,泉流量受构造规模的控制明显。

6.1.2 地下水补、径、排条件

研究区地下水以大气降水补给为主,局部地区受地表水补给。其补给条件与降雨量、地形地貌及地层岩性等条件密切相关,沿雅鲁藏布江从上游到下游,降雨量逐渐增加,下游较上游获得的补给量相对较大,地下水相对丰富,但径流途径短,多沿沟谷渗透汇集。在地形相对平缓、浅切割及构造裂隙、风化裂隙和溶蚀裂隙发育地段，利于大气降水的渗入补给，故地下水富水性相对较强，地下径流途径相对较长，多以泉的方式集中排泄。盆地和河谷阶地中松散岩类孔隙水则多为补给区域径流区基本一致，与河水呈互补关系。根据研究区地形地貌、含水岩组类型、地下水的赋存及地下水的补、径、排条件，将研究区划分为地下水补给区、径流区及河谷排泄区三个区。

1. 地下水补给区

雅鲁藏布江以南一级分水岭为喜马拉雅山，以北一级分水岭为冈底斯—念青唐古拉山脉。补给区的分布高程一般为 5 000～8 000 m，与河床高差达 2 000～5 000 m。分水岭地带多被冰川覆盖，可见角峰、U 形谷等冰川地貌。含水岩组分别由变质岩、岩浆岩、碎屑岩和碳酸盐岩等组成，各含水岩组裂隙发育程度不一，区域内碳酸盐岩分布较少，且在高原地区岩溶地貌不发育，构造裂隙主要以网状形式发育于碎屑岩、花岗岩和变质岩中，地表水渗入形式多以坡面片流渗入为主。

2. 径流区

径流区分布于雅鲁藏布江两岸山坡地带，分布高程为 2 900～5 000 m，一般为深切割高山。除朗县到加查沿线沙化严重，地表植被被破坏外，其他地段植被较发育。该区含水岩组由碳酸盐岩、碎屑岩、变质岩和岩浆岩等组成。各含水岩组裂隙发育程度各有差异。在碎屑岩、变质岩分布区，裂隙发育多以网纹状为主；在碳酸盐和岩浆岩分布区，岩石裂隙发育密度大，张开性较好，有利于地下水的运移及沿途地表水的渗入补给。

3. 河谷排泄区

研究区最低侵蚀基准面为雅鲁藏布江，区内分布高程一般为 2 800～3 800 m。含水岩组分别由松散岩类、碎屑岩类、碳酸岩、变质岩和岩浆岩等组成。由于河谷深切，含水岩组均处于当地侵蚀基准面以上，地下水均向河床方向排泄于地表。盆地中的松散岩类孔隙水及碎屑岩类裂隙孔隙水补给区与径流区基本一致，与河水多呈互补关系，同时还接受侧向基岩裂隙水的补给，松散岩类孔隙水含水岩组其排泄方式多以蒸腾、人工开采，次为于地形低洼地带或沟谷排泄于地表。

6.2 区域岩溶发育特征

6.2.1 可溶岩的分布特征

研究区在侏罗系和白垩系形成多套碳酸盐岩地层，区内碳酸岩主要分布在拉萨和泽当地区，林芝地区鲜有碳酸岩出露，仅在朗县有小规模的大理石岩脉出露。拉萨和泽当地区碳酸岩地层出露面积占拉萨和泽当全区地层面积的五分之一左右，基本呈条带状分布，如图 6.1 所示。从地质年代上看，碳酸岩地层主要分布在白垩系和侏罗系两个年代地层内，主要的岩性特征及年代地层见表 6.1。

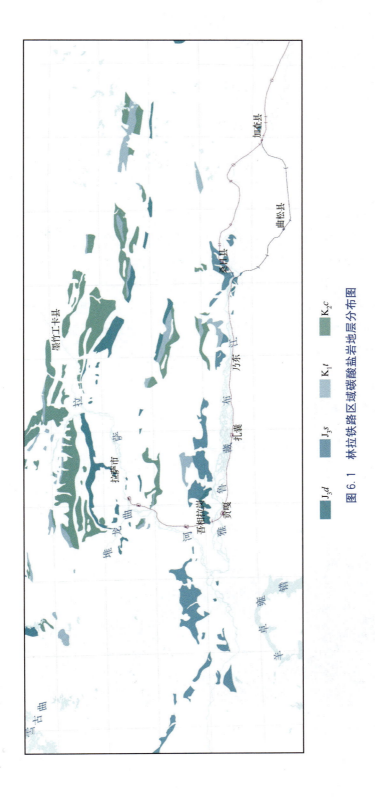

图 6.1 林拉铁路区域碳酸盐岩地层分布图

表 6.1 主要碳酸盐地层年代及岩性

地层代号	年代地层	厚度(m)	岩性描述
J_3s	侏罗系上统桑日群	>1 000	安山岩、英安岩、凝灰岩、灰质砾岩、灰岩、大理岩
J_3d	侏罗系上统多底沟组	196~1 741	灰白色~灰色块状结晶灰岩为主,夹少量薄层灰岩、泥灰岩、板岩、粉砂岩、细砂岩
K_1t	白垩系下统塔克那组	345~666	浅黄色~灰色砂岩、页岩、泥岩、泥灰岩、生物灰岩互层
K_1c	白垩系下统楚木龙组	370~900	灰色、灰白色石英砂岩、含砾石英砂岩、粉砂岩、灰岩

拉林铁路主要经过拉萨、泽当和林芝三个地区,铁路工程主要设施大部分分布在沿雅鲁藏布江河谷地带。研究区内碳酸盐岩组主要分布在桑日—贡嘎段及贡嘎—拉萨段。在桑日—贡嘎段主要出露岩组的岩性组合为非可溶岩与灰岩、大理岩互层,该段铁路工程建设主要在雅鲁藏布江宽谷段,基本修建明线,所以该段的可溶岩对铁路施工的影响较小。在贡嘎—拉萨段,出露大量的质地较纯的灰岩,在吾相拉岗段有一条长达 9 km 的隧道,穿越大段可溶岩地区,可溶岩对该隧道的影响在后面的章节中进行详细论述。

6.2.2 岩溶发育特征

据调查在拉萨—林芝段岩溶地貌类型以残余的连座峰林(图 6.2)、石林式石芽、孤峰及高原独特的石墙与石柱为主,其他有少量溶洞(图 6.3)、穿洞、天生桥、竖井、溶蚀洼地等。泽当—拉萨区可溶性碳酸盐岩地层分布范围较广,构造活动强烈,褶皱、断层较发育,区内有岩溶泉、溶洞发育,地下岩溶发育情况的主要特征为:

图 6.2 拉萨市西郊残余连座峰林

图 6.3 扎央宗溶洞地貌

1. 岩溶泉

东嘎岩溶泉位于拉萨市东嘎镇,拉萨水泥厂西侧,具体位置为 91°01′50″E,29°39′10″N,

海拔 3 750 m,泉水从石灰岩洞穴中涌出,出露地层为 J_3d,岩性为灰白～深灰色灰岩,地层产状为 20°∠65°。2010 年 8 月 14 日测量,泉水温度为 12.5 ℃,流量为 60 L/s。泉水清澈透明、无色无味。洞口被围成水塘,泉水外泄形成大面积沼泽。当地未将此股泉水进行开发利用,泉水溢出后形成径流,最终汇入拉萨河。东嘎岩溶泉泉口照片如图 6.4 所示;东嘎岩溶泉泉口出露地层如图 6.5 所示。

图 6.4　东嘎岩溶泉泉口照片　　　　图 6.5　东嘎岩溶泉泉口出露地层

2. 溶洞

扎囊县阿扎乡发育有扎央宗溶洞,溶洞位于阿扎乡北西向,扎央宗溶洞分为左洞和右洞,扎央宗溶洞形态如图 6.6 和图 6.7 所示。

右洞发育于侏罗系桑日群中,洞口高程约为 4 400 m;洞口高约 80 cm,宽约 1 m,洞深约 30 m,进洞后平均坡度为斜向上 30°,约 15 m 后洞身变宽,呈一直径 7 m 的近圆形大厅,溶洞往大厅北东向发育一直径近 1 m 的窄道后,洞身又变成一直径 2 m 的大厅。溶洞大体向北东方向延伸。洞内主要发育石钟乳,石笋、石柱少见,洞内基本上看不见堆积物。

左洞发育于侏罗系桑日群中,洞口高程约为 4 420 m;洞口高约 1 m,宽约 1 m,洞身长度约为 33 m,洞口至 7 m 处,地形起伏约为向上 30°,高度起伏不大,洞身宽度为 0.5～1 m,到 7～29 m,地形坡度转变为向下 25°左右,洞身宽度与高度都扩大,到 29 m 后出现一直径 6 m 左右的大厅。溶洞大体向正北向延伸。洞内石笋、石柱以及石钟乳发育。

6.2.3　岩溶发育控制因素分析

1. 岩性组合对岩溶发育的控制因素

岩溶的发育首先决定于岩石,高原只有石灰岩出露的地方才有岩溶现象。从石灰岩的分布来看,仅占研究区范围的十分之一左右。岩性主要组合为与非可溶岩互层或夹层,以紧闭的条状形态出露,单从岩性条件看对岩溶发育并不十分有利。

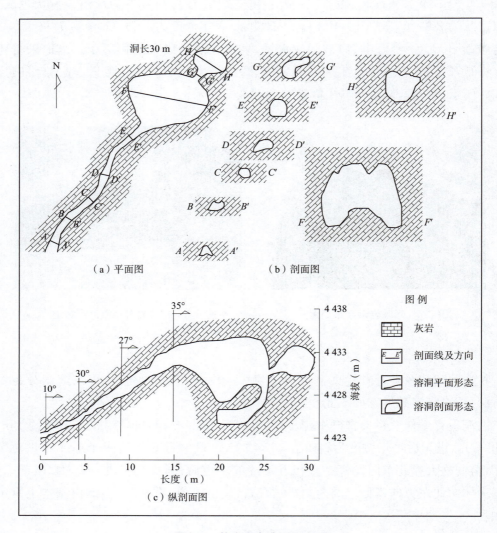

图 6.6 扎央宗右溶洞形态图

2. 构造对岩溶发育的控制因素

区域的主要构造方向决定了山脉的走向，也决定了岩溶总体布局的地理分布特点。在研究区内岩溶主要沿着地层的层面、节理面、断裂破碎带或岩层褶皱转折部位发育。在这些部位为水动力溶蚀侵蚀提供了有利空间条件。如研究区内阿扎乡的扎央宗溶洞与宗贡布溶洞的走向与侏罗系桑日群(J_3S)的优势裂隙一致。

3. 构造运动对岩溶发育的控制因素

青藏高原是形成时代很新的高原，高原自新第三纪依赖的强烈隆升改变了气候特点，加上全球性气候变异影响，在第四纪有多次冰期出现。冰期时冰川与冰缘地貌作用成了塑造地貌的主要外营力，使古岩溶地貌遭受了强烈的破坏和改造。气候条件的改变抑制了第四纪以来高原岩溶的发育,强烈而频繁的构造运动配合以气候的冷暖交替变异,使本来就缓慢的岩溶过程得不到保证,这就使第四纪高原岩溶化程度微弱,发育程度不完善等,仅能发育的一些岩溶类型由于发育过程的不完全而往往不具有岩溶的典型特征,一些已有的岩溶反应高原隆升的阶段性而具有成层性的特点。

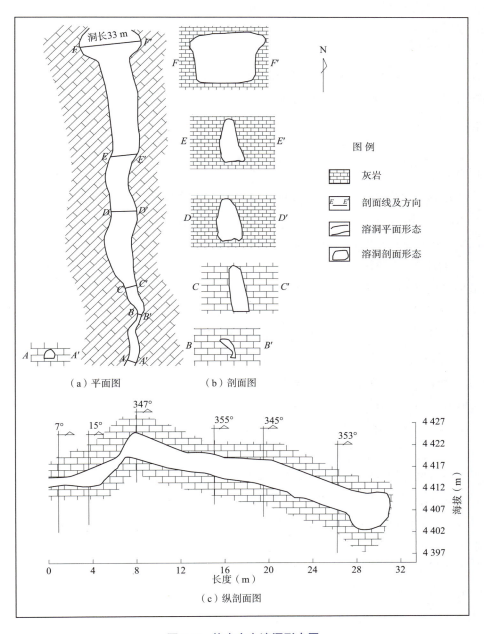

图 6.7　扎央宗左溶洞形态图

6.3 区域地层富水性评价

拉林铁路隧道约占总路线的56%,地层的含水性和富水性对分析隧道水文地质条件、计算隧道涌水量具有重要影响。研究区内水文地质条件研究程度较低,根据水文地质调查和水文资料收集对全区出露不同含水岩组进行富水性评价。

6.3.1 水文特征

在山南水文站取得2009年全年水文降水量资料。山南地区的水文资料主要包括雅砻河、四哪玛曲河、扎曲河以及温曲河四个流域。下面对每个流域的水文站资料进行水文分析。

1. 流域概况

1) 雅砻河流域

雅砻河位于青藏高原南部喜马拉雅山北坡、雅鲁藏布江以南,是雅鲁藏布江的支流之一,流域面积为920万 m^2。雅砻河发源于山南地区南部,喜马拉雅山北麓措美县的雅香拉山,海拔为6 400 m。整个流域高度范围为3 500～6 400 m。该区属于南亚季风气候区中的南亚Ⅵ型气候区,处于喜马拉雅山的雨影区,属于半干旱地区,多年平均降水量为393.6 mm,且年内分配很不均匀,集中在每年季风影响的6～9月,占全年降水的85%左右。

雅砻河流域内有雅桑水文站,位于山南地区亚杰乡以南2 km,该站所辖集水面积为307 km^2,高度范围为4 200～6 400 m,海拔在4 900 m以上区域178.34 km^2,占集水面积的58%。其中区域内5 100 m以上为高山冻土区,以下为深层季节冻土区。

2) 四哪玛曲河流域

四哪玛曲河流经泽当地区桑日县绒乡镇,是雅鲁藏布江的支流之一,平均海拔在3 500 m以上,地势由北向南逐渐增高。该区所处的地理纬度,属于亚热带气候,但由于西藏高原的强烈抬升,地势的高耸,地形复杂,因而破坏了气候纬度地带性的演变顺序,地势的作用远远超过了纬度的影响,使该区形成中低纬度的高寒气候。在气候区划上,属于高原温带季风半湿润气候地区的雅鲁藏布江中游桑日—加查小区,年平均气温为5.4 ℃。受地貌的影响,导致南北部水热分布不均,年降水量为277.1 mm,且年内分配不均匀,集中在每年季风影响的6～8月,占全年降水的85%左右。

四哪玛曲河流域内有绒乡水文站,位于绒乡以东2 km左右,该站所辖集水面积1 980 km^2,海拔3 897 m。

3) 扎曲河流域

扎曲河主要流域位于西藏雅鲁藏布江以北,山南地区扎囊县界内,是雅鲁藏布江的支流之一,流域面积 238 km²。扎曲河发源于拉萨达孜区南部的山林中,意为岩石河,平均海拔为 3 680 m,整个流域高度范围为 3 550～5 400 m。该区属于高原温带半干旱季风气候区。冬春多风,气候干燥,雨季降水集中,日照充足,无霜期短。年无霜期为 140 d 左右,年日照时数为 3 092 h,年降水量为 420 mm。自然灾害主要有干旱、风沙、霜冻、冰雹等。

扎曲河流域内有阿扎水文站,位于雅鲁藏布江北岸,扎囊县城西北的阿扎乡,距县城 13 km,该站所辖集水面积为 169 km²。

4) 温曲河流域

温曲河流经山南地区泽当镇结巴乡,位于雅鲁藏布江中游地段,是雅鲁藏布江的支流之一,全地区年平均气温为 7.4～8.9 ℃,夏季短而凉爽,冬季漫长而干旱,风大且频繁,结冻时间长,早晚温差大,无霜期短,地貌复杂,海拔高度为 3 532～3 700 m,属高原温带半干旱大陆性季风气候,日照时间长,四季不分明,年均温度 8.2 ℃,年降水量 400 mm。地处高原峡谷,地势迫使迎风气流爬坡,地形明显,降雨的季节分配不均匀,雨季、旱季十分明显,雨季 6～9 月降水量为 266.7 mm,占年总降水量 72.4%;干季总降水量为 53.3 mm,占全年总降水 14.1%。地区全年日照时间为 2 600～3 300 h;干湿季分明,空气相对湿度较小,冬春干燥,多大风,风力资源较好,年平均风速为 2.7 m/s。

温曲河流域内有结巴乡水文站,位于结巴乡,该站所辖集水面积为 598 km²,高程为 3 679 m。

2. 径流的年内分配

从径流年内分配情况分析,收集四个流域具有相同的特征,降水的季节分配不均匀,汛期较迟,持续时间较长,汛期出现在夏季,夏季水量高度集中,雨季、旱季区分明显。雨季 6～9 月降水量占年总降水量的 50%～90%;年内径流变化较大,这与年内气温与降水量的变化一致。各流域降水量、径流量、气温年内分布如图 6.8 所示,统计见表 6.2。

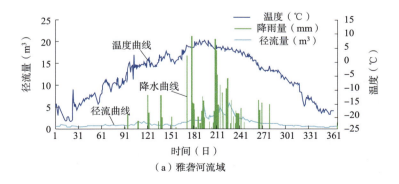

(a) 雅砻河流域

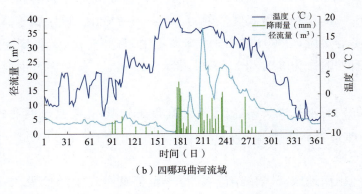

(b) 四哪玛曲河流域

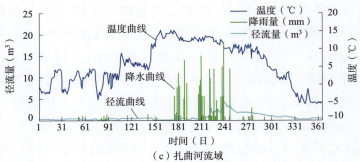

(c) 扎曲河流域

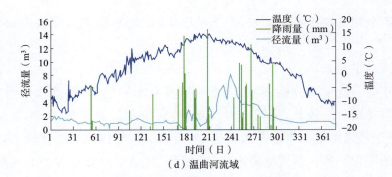

(d) 温曲河流域

图 6.8　各流域降水量、径流量、岸温年内分布图

表 6.2　各流域降水量、径流量、岸温年内统计表

河名	站名		4～5月	6～8月	9～10月	11～次年3月	全年	地表径流模数 L/(s·km²)
雅砻河	雅桑站	降水量(mm)	31	245	24.2	15.5	315.7	4.1
		占全年降水量百分比	9.8%	77.6%	7.6%	5%	100%	
		径流量(m³)	5 363 712	20 215 872	6 530 112	7 735 392	39 845 088	
		占全年径流量百分比	13.5%	50.7%	16.3%	19.5%	100%	
		平均气温(℃)	2.91	8.25	1.67	−9.84	—	

续上表

河名	站名		4～5月	6～8月	9～10月	11～次年3月	全年	地表径流模数 L/(s·km²)
四哪玛曲河	绒乡站	降水量(mm)	15.1	202.8	26.6	32.6	277.1	3.75
		占全年降水量百分比	5.4%	73.2%	9.6%	6.8%	100%	
		径流量(m³)	20 319 552	92 378 880	65 684 736	55 909 440	234 292 608	
		占全年径流量百分比	8.7%	39.4%	28.1%	23.8%	100%	
		平均气温(℃)	4.95	12.9	9.05	−0.1	—	
扎曲河	阿扎站	降水量(mm)	29.4	177.8	19.7	5.3	232.2	4.41
		占全年降水量百分比	12.6%	76.6%	8.5%	2.3%	100%	
		径流量(m³)	2 606 860	7 009 027	8 988 883	4 894 042	23 498 813	
		占全年径流量百分比	11.1%	29.8%	38.3%	20.8%	100%	
		平均气温(℃)	8.29	12.3	8.53	−0.31	—	
温曲河	结巴站	降水量(mm)	8.4	145.2	28	12.9	194.5	3.03
		占全年降水量百分比	1%	75%	14%	10%	100%	
		径流量(m³)	5 461 344	19 201 536	16 770 240	14 548 896	55 982 016	
		占全年径流量百分比	10%	34%	30%	26%	100%	
		平均气温(℃)	6.45	11.8	9.05	−6	—	

3. 径流补给源计算

四个流域主要在山南地区，都为雅鲁藏布江支流水系，主要发源于冈底斯山脉与喜马拉雅山脉，补给区的冰川覆盖面积都接近50%，高山区冰雪消融和降雨是该地区河川径流的主要补给源，径流除大量损失于渗漏和蒸发，而后注入雅鲁藏布江。

高山区冰雪消融和降雨是河川径流的主要补给源。山区是河流的形成区，而平原是径流的散失区。冰川区的径流来自两个方面，纯冰川消融径流量（R_l）和裸露山坡降水径流量（R_r），见下式：

$$R = R_l + R_r$$

式中　R——总径流量；

　　　R_l——纯冰川消融径流量；

　　　R_r——裸露山坡降水径流量。

一般可由花岗岩资料或辐射平衡的方法确定。计算可根据实测气温，降水资料先确定R_r，然后确定R_l。裸露山坡降水径流系数取0.6。利用各站2009年全年水文特征值，使用基流分割法，计算出各区地下水对相应河流的补给比例。各站基流分割如图6.9所示。

雅桑站分割结果表明地下水对雅砻河的平均补给量为38%；绒乡站分割结果表明地下水对四哪玛曲河的平均补给量为27%；阿扎站分割结果表明地下水对扎曲河的平均补给量为34%；结巴站分割结果表明地下水对温曲河的平均补给量为47%。通过上述分割可以得出各站最后水文点径流组成，见表6.3。

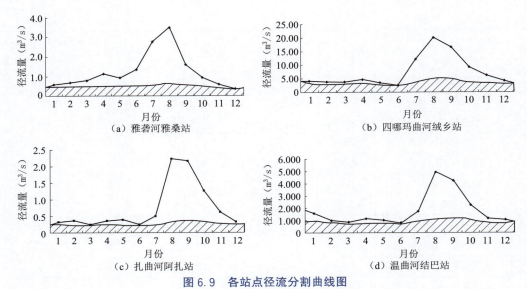

图 6.9 各站点径流分割曲线图

表 6.3 各个站计算径流组成与其他流域统计数据对比

河流	站名	各补给量占径流总量的百分数		
		雨水补给	融水补给	地下水补给
雅砻河	雅桑站	34%	28%	38%
四哪玛曲河	绒乡站	36%	37%	27%
扎曲河	阿扎站	29%	37%	34%
温曲河	结巴站	32%	21%	47%
雅鲁藏布江	奴各沙	42%	18%	40%
	羊村	44%	20%	36%
	奴下	30%	38%	32%
年楚河	江孜	31%	21%	48%
拉萨河	拉萨	46%	26%	28%
尼洋河	更张	27%	50%	23%
易贡藏布	贡德	25%	53%	22%

4. 径流与补给源相关性分析

河川径流受气候、地貌、土壤、植被等自然条件及人类活动的耦合作用,在某种尺度上,河流流量特征的季节模式反映了区域气候的自然地理条件的综合效应。根据研究,冰川径流、温度和降雨因素与其相关性极高。因此,对全年的降水量、温度与径流量进行相关性分析。

根据各水文站提供岸温资料,可得 4~10 月平均气温在 0 ℃以上,会产生一定的冰雪融水,因此确定 4~10 月为消融期。各个流域降雨都主要集中在 7~8 月,因此消融期又分雨季(7~8 月)和非雨季(4~6、9、10 月);其中,四哪玛曲河流域雨季在 6~8 月,非雨季为 4、5、9 月和 10 月。除雨季外径流与气温作相关分析,各流域线性回归方程见表 6.4。

6 区域水文地质条件

表 6.4 各流域非雨季径流与气温相关分析表

月份	流域			
	雅砻河	四哪玛曲河	扎曲河	温曲河
4	$Q_4=0.0657T_4+1.0312$ $R=0.48$	$Q_4=0.098T_4+0.608$ $R=0.779$	$Q_4=0.014T_4+0.3054$ $R=0.64$	$Q_4=0.0562T_4+0.82$ $R=0.41$
5	$Q_5=-0.003T_5+1.0312$ $R=0.0016$	$Q_5=-0.026T_5+0.787$ $R=0.653$	$Q_5=0.0354T_5+0.2185$ $R=0.49$	$Q_5=0.006T_5+0.95$ $R=0.21$
6	$Q_6=0.1889T_6+0.1438$ $R=0.94$	$Q_6=-0.14T_6+2.21$ $R=0.38$	$Q_6=0.0065T_6+0.0051$ $R=0.12$	$Q_6=3.53T_6+13.923$ $R=0.86$
9	$Q_9=0.1243T_9+1.0178$ $R=0.92$	$Q_9=0.058T_9+3.141$ $R=0.138$	$Q_9=-0.1088T_9+3.1824$ $R=0.14$	$Q_9=0.26T_9+2.16$ $R=0.567$
10	$Q_{10}=0.0896T_{10}+0.9269$ $R=0.82$	$Q_{10}=0.153T_{10}+1.016$ $R=0.944$	$Q_{10}=0.1383T_{10}+0.296$ $R=0.91$	$Q_{10}=0.32T_{10}+1.145$ $R=0.701$

注：表中 Q_4 为 4 月径流量，Q_5 为 5 月径流量，Q_6 为 6 月径流量，Q_9 为 9 月径流量，Q_{10} 为 10 月径流量，T_4 为 4 月每日平均温度，T_5 为 5 月每日平均温度，T_6 为 6 月每日平均温度，T_9 为 9 月每日平均温度，T_{10} 为 10 月每日平均温度，R 为复相关系数。

T 的系数相当于度日因子，相当于每增加 1 ℃所增加的径流量。该值随相关系数增加而增加，说明消融强度增加，气温对径流的贡献越来越大。根据复相关系数 R 可以看出径流与气温高度有较好相关性。

对表 6.4 进行综合分析，每个流域在回归分析中，都会出现相关性极低的月份，虽然出现的月份都不尽相同，但是可以看到的是，相关性极低的月份都是月内温度变化幅度较小的月份，温度在这些月份对径流量影响并不显著。除异常月份外，其他月份所表现得温度对径流量的影响还是明显的。

相关流域一般从 6 月底到 7 月初开始，印度洋季风带来大量降水，该时间段内温度远高于 0 ℃气温使得冰雪大量消融，此时冰雪融水和雨水共同补给径流，径流受到气温与降水的共同作用。虽然气温和降水没有表现出变化趋势，但径流已经有很敏感的变化。

对各个站点水文资料中，非消融期（11 月～次年 3 月）的径流量分别与温度和降雨量做了回归分析，结果显示复相关系数过低，说明在这时间段内径流与温度和降水关系不密切。随着降水的减少，同时气温低于 0 ℃不足以引起消融，此时径流的补给主要是依赖夏季储存地下水释放，并受到前期月径流的共同影响。所以在计算中以非消融期径流量为基准对径流过程线进行基流分割所得到的基流量的比例是合理的。

6.3.2 地层富水性评价

根据水文地质调查、流域流量测定，结合区域构造发育特征，按岩性组合，通过对上述详细分析的四个区域进行统计，对研究区内所涉及岩性的富水性进行评价。

1. 地下水径流模数的计算

基岩山区地层的地下水富水性评价，在水文地质中有多种方法，可采用不同的指标进行，目前主要有渗透系数、地下水径流模数等。在水文地质条件复杂，研究程度较低的区域,常常采用地下水径流模数来评价区域地层的富水性。地下水径流模数计算方法主要有枯季流量法、泉域法、均衡法、基流分割法。根据不同区域水文地质条件,分别采用不同方法对区域地下水径流模数进行研究。对碎屑岩类、变质岩类、岩浆岩及山区松散岩岩类,一般以枯期流量计算地下径流模数为主;对碳酸盐岩类,参考岩溶泉域法计算地下径流模数。

对区域富水性研究,采用径流分割法,确定地下径流量,然后对地下径流模数进行计算。在选取的四个流域中包括了不同的地貌单元、不同的含水岩组,计算公式如下:

$$Q_s = Q_j \times \alpha$$

$$M = \frac{Q_s}{F}$$

式中　Q_s——地下径流量(L/s);
　　　Q_j——年径流量(L/s);
　　　α——比例系数(径流分割求的);
　　　M——径流模数[L/(s·km^2)];
　　　F——流域面积(km^2)。

2. 主要参数确定

年径流量的确定与降水量的大小均由山南水文站提供 2009 年全年水文降水量资料确定,见表 6.5。

表 6.5　各站点水文特征值

月份	雅砻河雅桑站		四哪玛曲河绒乡站		扎曲河阿扎站		温曲河结巴站	
	降雨量(mm)	径流量(L/s)	降雨量(mm)	径流量(L/s)	降雨量(mm)	径流量(L/s)	降雨量(mm)	径流量(L/s)
1	0.000	0.583	0.087	4.01	0.000	0.315	0.074	1.560
2	0.171	0.674	0.650	3.75	0.082	0.368	0.379	0.990
3	0.300	0.785	0.377	3.56	0.097	0.249	0.000	0.853
4	0.430	1.120	0.340	4.45	0.030	0.367	0.103	1.110
5	0.584	0.915	0.158	3.28	0.090	0.374	0.171	0.997
6	1.880	1.340	2.263	2.47	0.907	0.253	1.740	0.778
7	3.219	2.760	1.955	12.10	2.577	0.478	1.206	1.720
8	2.865	3.480	2.397	20.00	3.158	2.210	0.000	4.910
9	0.600	1.580	0.767	16.60	0.507	2.160	2.007	4.220
10	0.200	0.912	0.116	9.04	0.145	1.260	0.755	2.250
11	0.000	0.580	0.000	6.06	0.000	0.625	0.000	1.140
12	0.045	0.350	0.000	4.05	0.000	0.325	0.000	1.070

3. 地下径流模数计算

利用上述方法及水文资料,对区域地下径流模数进行计算,结果见表 6.6。

4. 各类含水岩组地下径流模数计算

在上述计算中,对每个流域的含水岩组进行分类,主要包括碎屑岩含水岩组、变质岩含水岩组、岩浆岩含水岩组及其他,由于可溶岩出露面积较小,将可溶岩与第四系松散孔隙水归类为其他。区域地下径流模数计算如下:

表 6.6 地下径流模数计算简表

站点	高程(m)	流域面积(km^2)	基流量(m^3)	碎屑岩面积		变质岩面积		岩浆岩面积		其他		径流模数[L/(s·km^2)]	入渗系数
				面积(km^2)	比例	面积(km^2)	比例	面积(km^2)	比例	面积(km^2)	比例		
雅桑站	4 278	307	0.48	124.3	41%	105.7	34%	77	25%	0	0%	1.56	0.38
绒乡站	3 897	1 980	2	1 433	72.4%	200	10.1%	77	3.9%	270	13.6%	1.01	0.27
阿扎站	3 834	169	0.29	79.5	47.1%	0	0%	85	50.2%	4.5	2.7%	1.71	0.39
结巴站	3 679	598	0.96	233	39%	0	0%	126	21%	40	239%	1.6	0.53

$$M = \alpha \times M_q + \beta \times M_s + \chi \times M_b + \delta \times M_y$$

式中　　M——区域地下径流模数;

$\alpha, \beta, \chi, \delta$——各含水岩组在区域类的权重值,等于各含水岩组在区域内的出露比例;

M_q, M_s, M_b, M_y——各类含水岩组的径流模数。

$$\begin{bmatrix} M_1 \\ M_2 \\ M_3 \\ M_4 \end{bmatrix} = \begin{bmatrix} \alpha_1 & \beta_1 & \chi_1 & \delta_1 \\ \alpha_2 & \beta_2 & \chi_2 & \delta_2 \\ \alpha_3 & \beta_3 & \chi_3 & \delta_3 \\ \alpha_4 & \beta_4 & \chi_4 & \delta_4 \end{bmatrix} \begin{bmatrix} M_q \\ M_s \\ M_b \\ M_y \end{bmatrix}$$

用径流分割法求得径流模数,及参考 1:250 000 泽当幅地质图圈定的各含水岩组出露面积,换算成流域区域比例带入上式,即可求得各岩组的地下径流模数,计算结果见表 6.7。

表 6.7 各地层地下径流模数计算表

含水岩组	其他(M_q)	碎屑岩(M_s)	变质岩(M_b)	岩浆岩(M_y)
径流模数[L/(s·km^2)]	1.98	0.6	1.85	2.74

计算结果反映出全区各类含水岩组的含水性弱,因为缺乏部分资料,所以在此次计算中未能将碳酸盐岩组含水性计算出来,其他类别的含水岩组包括了第四系松散孔隙水与碳酸盐岩组的综合值。由计算结果,区域内除了盐酸盐岩组,岩浆岩含水最好,径流模数最高为 2.74 L/(s·km^2),这也与实地调查结果是相符合的;在对研究区内实地调查时,大部分调查均出露岩浆岩地层裂隙中,流量为 0.1~10 L/s,而在碎屑岩、变质岩地区泉点出露较少。山南地区水文站点分布如图 6.10 所示。

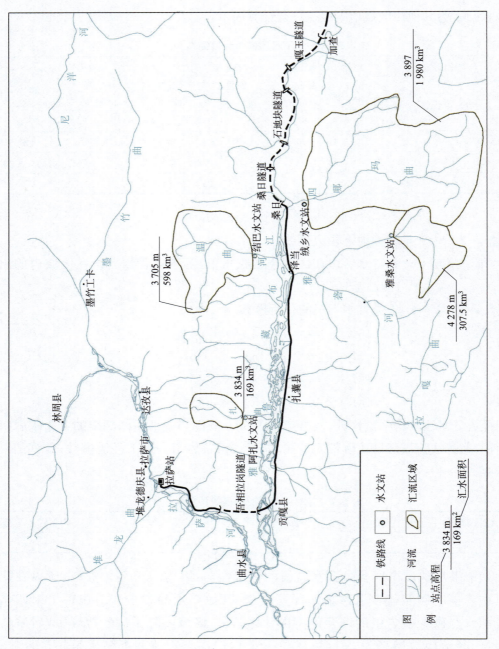

图 6.10 山南地区水文站点分布图

6.4 区域冷泉水发育和分布特征

对研究区域内线路附近出露泉点进行调查,调查了冷泉水 27 个,结果见表 6.8,并对各泉点现场进行测试及取样分析,根据现场采样测温温度差异,将地下水分为冷泉及热泉,并结合地质构造特征与水化学特征对泉点进行分析。

表 6.8 采集冷泉水样概况统计

泉点编号	区域	取样位置	取样高程(m)	电导(μS/cm)	pH 值	水化学类型
1	林芝地区	喇嘛宁村	3 098	63	7.09	HCO_3—Ca
2		布久乡甲日卡	2 977	63	7.09	HCO_3—Ca
3		立地村	3 000	74	7.08	HCO_3—Mg·Ca
4		洞嘎镇	3 775	192	8.28	HCO_3—Ca
5		巴珠村	3 192	88	7.51	HCO_3—Ca
6		堆巴塘沟对面	3 077	74	7.08	HCO_3—Mg·Ca
7		朗县公安检查站	3 168	940	8.08	SO_4·HCO_3—Ca·Mg
8		路村饮用水	3 135	216	8.07	HCO_3—Ca
9	山南地区	加查小学			7.8	HCO_3—Mg·Ca
10		普姆村	3 340	402	7.54	SO_4·HCO_3—Ca
11		沃卡电站西	3 574	404	8.33	HCO_3—Ca
12		桑日自来水厂水源	3 717	71	8.12	HCO_3—Ca
13		泽当门中村	3 636	328	7.88	HCO_3—Ca
14		泽当扎西多卡寺	3 679	193	8.02	HCO_3—Ca
15		措吉村	3 674	344	8.13	HCO_3—Ca
16		泽当恰玛村	3 743	396	8.39	HCO_3—Ca
17		措吉措拉寺	3 646	173	8.2	HCO_3—Ca
18		扎囊县久村	3 562	151	8.24	HCO_3—Ca
19		扎囊县挖章四村	3 763	149	8.43	HCO_3—Ca
20		扎囊县门中雄马村	3 662	179	8.25	HCO_3—Ca
21		桑耶渡口	3 557	283	8.06	HCO_3—Ca
22	拉萨地区	贡嘎县春巴拱村	3 681	83	8.19	HCO_3—Ca
23		贡嘎县干在村	3 740	80	8.03	HCO_3—Ca
24		岗堆乡	3 592	124	8.18	HCO_3—Ca
25		东嘎镇	3 775	192	7.83	HCO_3—Ca
26		朗杰色康寺	3 635	112	7.85	HCO_3—Ca
27		桑达村	3 640	112	7.62	HCO_3—Ca

对铁路沿线出露泉点进行采样,并现场测试流量、温度和电导等参数,用 GPS 对泉点位置进行定位,并以地区对出露泉点进行归类。

泉水的发育和分布特征简述如下:

1) 喇嘛宁村喇嘛宁泉

喇嘛宁泉位于林芝布久乡喇嘛宁村喇嘛宁寺背后,地理坐标为 $29°27'48''N,94°22'43''E$,高程 3 098 m。泉水自山脚溢出,出露地层为第四系更新统冲积层(Q_p^{al}),为雅鲁藏布江Ⅲ以上高阶地。2010 年 7 月 23 日测量,泉水温度 23.9 ℃,电导 63 μS/cm,流量 1 L/s。泉出露处植被发育,喇嘛宁泉泉口照片和所处地貌如图 6.11 和图 6.12 所示;喇嘛宁泉处水文地质如图 6.13 所示。

图 6.11 喇嘛宁泉泉口照片

图 6.12 喇嘛宁泉处地貌

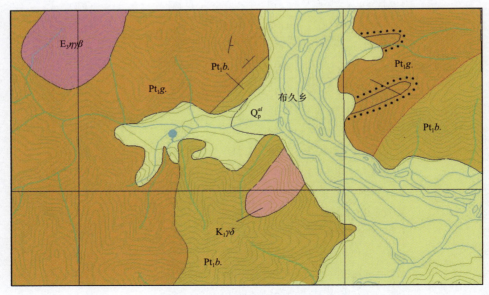
图 6.13 喇嘛宁泉水文地质图

2)布久乡甲日卡扎坡泉

扎坡泉位于林芝布久乡甲日卡处,地理坐标为 29°22′47″N,94°24′16″E,高程 2 977 m。出露地层为第四系更新统冲积层(Q_p^{al})。2010 年 7 月 24 日测量,泉水温度 19.3 ℃,电导 63 μS/cm,流量为 0.1~0.2 L/s。扎坡泉取水处照片和所处地貌如图 6.14 和图 6.15 所示;扎坡泉水文地质如图 6.16 所示。

图 6.14 扎坡泉取水处

图 6.15 扎坡泉出露地貌

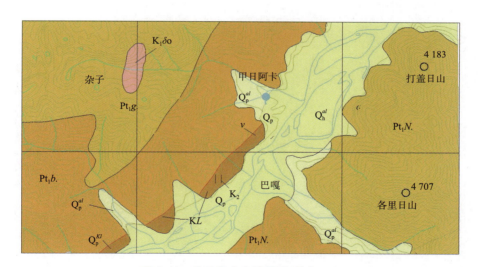

图 6.16 扎坡泉水文地质图(单位:m)

3)立地村立地泉

立地泉位于米林立地村处,地理坐标为 29°14′22″N,94°12′42″E,高程 3 000 m。出露地层为第四系更新统冲积层(Q_p^{al})。2010 年 7 月 26 日测量,泉水温度 16.6 ℃,电导 74 μS/cm,流量 0.15~0.2 L/s。据实地访问该泉流量较小动态稳定,冬季不变干,雨季亦不变浑。调查泉水呈淡黄色可能与腐殖酸含量高有关,发现牲畜喜在此处饮水。立地泉出露处照片和出露地貌如图 6.17 和图 6.18 所示;立地泉水文地质如图 6.19 所示。

图 6.17 立地泉出露处

图 6.18 立地泉出露地貌

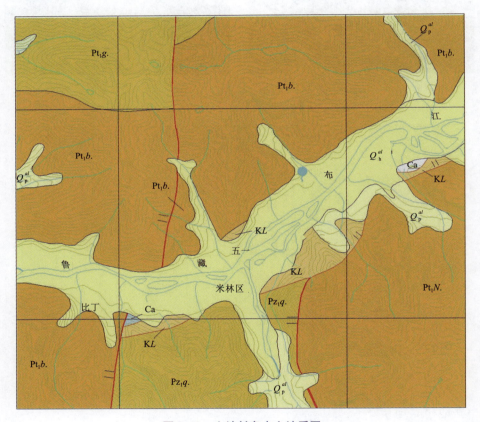
图 6.19 立地村泉水文地质图

4) 洞嘎镇泉

洞嘎镇泉位于朗县洞嘎镇南西 2 km 处，地理坐标为 29°00′34″N, 93°09′46″E，高程 3 775 m。出露地层为白垩系朗县混杂岩复理石。2010 年 7 月 29 日测量，泉水温度 14.7 ℃，电导 192 μS/cm，流量 0.375 L/s。据实地调查该泉有五六股，泉水出露处植被发育，斜坡上后缘见有拉裂缝。泉水汇集于山脚处，修建有转经筒。洞嘎镇泉出露处和所处地貌如图6.20和图6.21所示；洞嘎镇泉水文地质如图6.22所示。

图6.20 洞嘎镇泉出露处

图6.21 洞嘎镇泉出露地貌

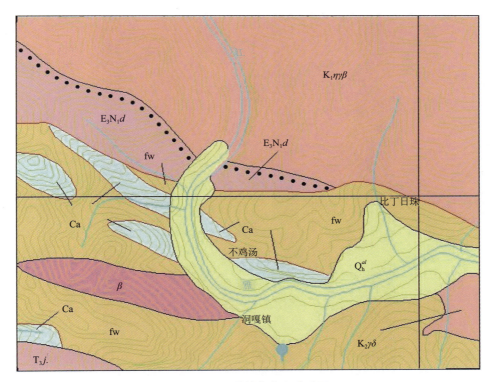

图6.22 洞嘎镇泉水文地质图

5)巴珠村泉

巴珠村泉位于朗县巴珠乡巴珠村处，地理坐标为29°03′25″N,92°57′06″E,高程3 192 m。出露地层为三叠系杰德秀组含绢云，母千枚岩夹少量变质石英砂岩。2010年7月29日测量，泉水温度13.4 ℃，电导88 μS/cm，流量2 L/s。据实地调查泉水出露处植被发育，冬季附近沟水结冰，但此处泉水不结冰断流。巴珠村泉出露处照片和所处地貌如图6.23和图6.24所示；巴珠村泉水文地质如图6.25所示。

图 6.23 巴珠村泉出露处

图 6.24 巴珠村泉出露地貌

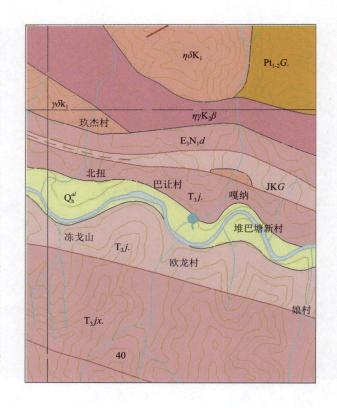

图 6.25 巴珠村泉水文地质图

6) 堆巴塘沟对岸泉与路村泉

堆巴塘沟对岸泉位于朗县堆巴塘沟对岸雅鲁藏布江左岸处,地理坐标为 29°03′00″N,93°00′15″E,高程 3 077 m。左岸出露基岩为玄武岩。2010 年 7 月 29 日测量,泉水温度 23.5 ℃,电导 74 μS/cm。

朗县路村泉位于朗县路村处,地理坐标为 29°02′54″N,93°01′57″E,高程 3 135 m。

2010年7月29日测量,泉水温度21.7 ℃,电导216 μS/cm。

堆巴塘沟对岸泉出露处照片和出露地貌如图6.26和图6.27所示;堆巴塘沟对岸泉水文地质如图6.28所示。

图6.26 堆巴塘沟对岸泉出露处

图6.27 堆巴塘沟对岸泉出露地貌

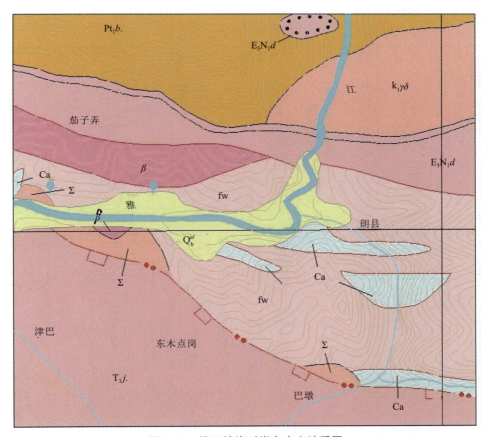
图6.28 堆巴塘沟对岸泉水文地质图

7)朗县公安检查站西坡泉

朗县公安检查站西坡泉位于朗县公安检查站西 1 km 处,地理坐标为 29°03′35″N,92°48′43″E,高程 3 168 m。出露地层为朗杰学群江雄组含英铁矿炭质绢云千枚岩夹长石石英砂岩、粉砂岩。2010 年 7 月 30 日测量,泉水温度 16.5 ℃,电导 940 μS/cm,流量 0.019 L/s,泉出露处已形成天然草地。朗县公安检查站西坡泉出露照片和出露地貌如图 6.29 和图 6.30 所示,朗县公安检查站西坡泉水文地质如图 6.31 所示。

图 6.29　朗县公安检查站西坡泉出露处　　图 6.30　朗县公安检查站西坡泉出露地貌

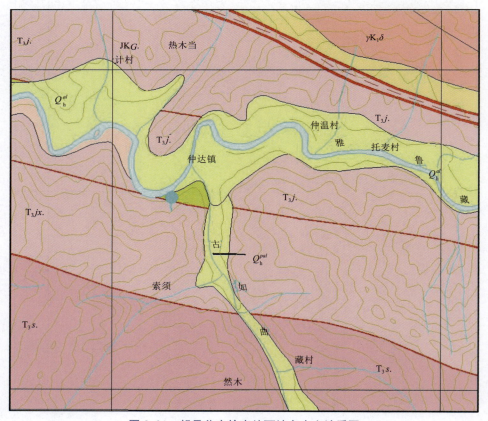

图 6.31　朗县公安检查站西坡泉水文地质图

8) 桑日自来水厂水源泉

桑日至沃卡路边泉位于桑日自来水厂处,地理坐标为 29°16′52″N,92°00′53″E,高程 3 717 m。出露地层为桑日群组火山碎屑岩夹沉积岩及碳酸盐岩。该泉水雨季会变浑,冬季流量变小,已被桑日自来水厂引为水源。2010 年 8 月 5 日测量,泉水温度 13.7 ℃,电导 71 μS/cm,流量为 20~30 L/s。桑日自来水厂水源泉取样处照片和出露地貌如图 6.32 和图 6.33 所示;桑日自来水厂水源泉水文地质如图 6.34 所示。

图 6.32 桑日自来水厂水源泉取水处

图 6.33 桑日自来水厂水源泉出露地貌

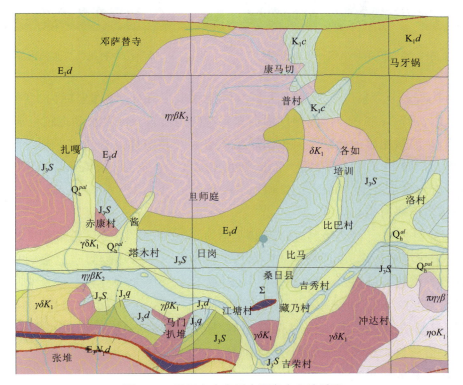

图 6.34 桑日自来水厂水源泉水文地质图

9）泽当门中村泉与扎西多卡寺泉

泽当门中村泉位于泽当门中村处，地理坐标为 29°21′30″N～29°21′34″，91°49′42″～91°49′43″E，高程 3 636 m。出露地层为下白垩统楚木龙组变质碎屑岩。该泉水动态稳定，冬暖夏凉。见出露有两泉群，呈南北向延伸，南侧第一泉群已积成椭圆形水塘，长轴 5 m，短轴 3 m，出露处照片如图 6.35 所示。塘中见有水草，下段修有转经筒，并见有鱼类生长。2010 年 8 月 5 日测量，泉水温度 13.2 ℃，电导 328 μS/cm，流量 5 L/s。第二泉群亦积成一水塘，见有一小型湿地，出露处照片如图 6.36 所示。泉水温度 19.0 ℃，电导 329 μS/cm，流量 2 L/s。

图 6.35　泽当门中村泉第一泉群出露处　　图 6.36　泽当门中村泉第二泉群出露处

泽当扎西多卡寺泉位于泽当扎西多卡村扎西多卡寺处，地理坐标为 29°19′24″N，91°50′49″E，高程 3 679 m。出露地层为白垩系花岗闪长岩。该泉水动态较稳定，冬季泉口会结冰，泉流量比以前已减小。走访居民该泉对小孩身体益处较多。现场饮用此泉水味甘甜。2010 年 8 月 2 日测量，泉水温度 18.2 ℃，电导 193 μS/cm。泽当门中村泉和扎西多卡寺泉水文地质如图 6.37 所示。

10）泽当恰玛村泉

泽当恰玛村泉位于泽当恰玛村处，地理坐标为 29°02′45″N，91°41′17″E，高程 3 743 m。出露地层为宋热组的砂岩、砂质板岩，产状 170°～190°∠48°。该处泉点已被村民引为水源，并在此处修建有佛塔；该泉水动态稳定，雨季不浑，冬季亦不结冰。2010 年 8 月 3 日测量，泉水温度 17.4 ℃，电导 396 μS/cm，流量 0.35 L/s，2010 年 8 月 7 日进行回访，推测该泉可能与断层有关。泽当恰玛村泉出露处照片及出露地貌如图 6.38 和图 6.39 所示；泽当恰玛村泉水文地质如图 6.40 所示。

11）扎囊县久村泉

久村泉位于扎囊县久村处，地理坐标为 29°15′52″N，91°16′12″E，高程 3 562 m。出露地层为杰德秀组长石石英砂岩、千枚岩、板岩夹粉砂岩及灰岩透镜体。该处泉水已被久村

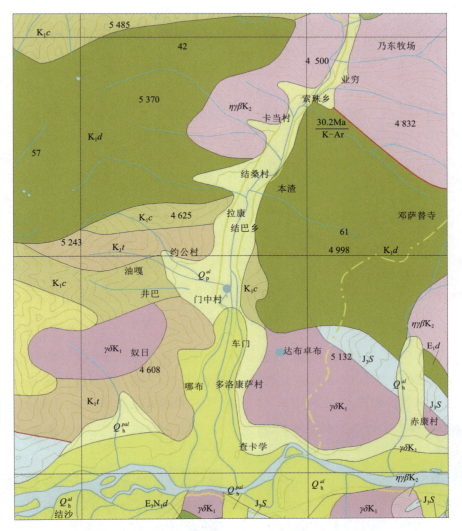

图 6.37 泽当门中村泉、泽当扎西多卡寺泉水文地质图(单位:m)

图 6.38 泽当恰玛村泉出露处

图 6.39 泽当恰玛村泉处出露地貌

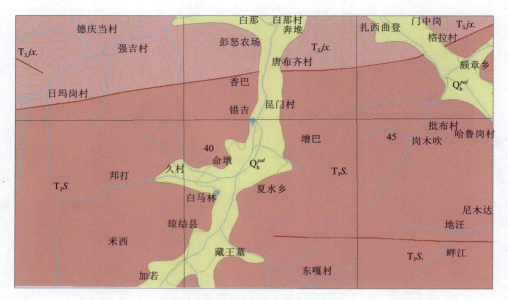

图 6.40　泽当恰玛村泉水文地质图(单位:m)

居民引为生活用水,经调查雨季泉水会变浑,含泥沙量会变大,可能导致引水管堵塞;冬季泉水量变小。2010 年 8 月 6 日测量,泉水温度 18.7 ℃,电导 151 μS/cm。久村泉取水处照片和远景如图 6.41 和图 6.42 所示,久村泉水文地质如图 6.43 所示。

图 6.41　久村泉取水处

图 6.42　久村泉远景

12)扎囊县挖章四村泉与门中雄马村泉

挖章四村泉位于扎囊县挖章四村处,地理坐标为 29°13′19″N,91°25′24″E,高程 3 763 m。出露地层为杰德秀组长石石英砂岩、千枚岩、板岩夹粉砂岩及灰岩透镜体。该处泉水已被挖章四村居民引为生活用水,在泉水出露处修建有佛塔;访问当地居民该处为温泉遗址区,实地调查发现疑似温泉遗址,如图 6.44 所示。据资料收集,有《西藏温泉志》描述在挖章四村对岸,扎其乡南偏西 3 km 曲珍村,雅鲁藏布江南(右)岸一断续河沟西侧可能为温泉历史区。对曲珍村历史温泉区进行了访问,发现有泉水出露,但未采访到有温泉出露,亦未做实地调查。2010 年 8 月 6 日测量,泉水温度 20.1 ℃,电导 149 μS/cm。挖章四村对面曲珍村远景如图 6.45 所示。

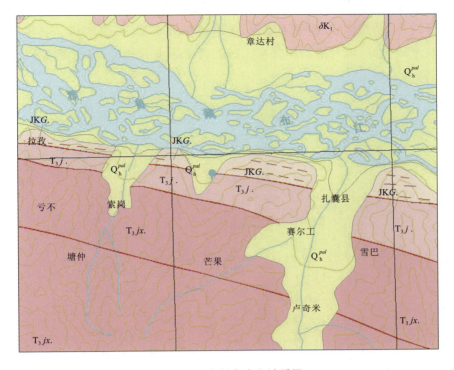

图 6.43　久村泉水文地质图

图 6.44　挖章四村处温泉遗址

图 6.45　挖章四村对面曲珍村远景

门中雄马村泉位于扎囊县门中雄马村处,地理坐标为 29°13′33″N,91°24′47″E,高程 3 662 m。出露地层为杰德秀组长石石英砂岩、千枚岩、板岩夹粉砂岩及灰岩透镜体。该处泉水以被门中雄马村居民引为生活用水。2010 年 8 月 6 日测量,泉水温度 18.9 ℃,电导 179 μS/cm。挖章四村泉和门中雄马村泉水文地质如图 6.46 所示。

13)贡嘎县春巴拱村泉与干在村泉

春巴拱村泉位于拉萨地区贡嘎县春巴拱村处,地理坐标为 29°12′09″N,91°06′24″E,高程 3 681 m。出露地层为朗杰学群江雄组,含黄铁矿炭质绢云千枚岩夹长石石英砂岩、粉砂岩。该处泉水被春巴拱村居民引为生活用水,1986 年开始引水,后又于 2000 年重修。泉流量较小,动态稳定,雨季不变浑,冬季流量亦不变小,供该村 200 多居民饮水,据村民反映水质良好,该村灌溉用井水。2010 年 8 月 6 日测量,泉水温度 17.5 ℃,电导 83 μS/cm,流量 3 L/s。

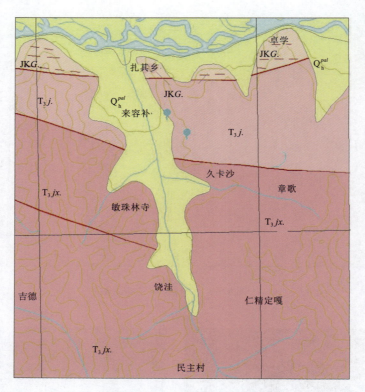

图 6.46 挖章四村泉、门中雄马村泉水文地质图

干在村泉位于拉萨地区贡嘎县干在村处,地理坐标为 29°10′57″N,91°06′35″E,高程 3 740 m。出露地层为朗杰学群江雄组,含黄铁矿炭质绢云千枚岩夹长石石英砂岩、粉砂岩。该处泉水被干在村居民引为生活用水,泉动态稳定,雨季不变浑,冬季流量亦不变小。2010 年 8 月 6 日测量,泉水温度 17.9 ℃,电导 80 μS/cm。贡嘎县春巴拱村泉和干在村泉地貌照片如图 6.47 和图 6.48 所示;其水文地质如图 6.49 所示。

14)吉那村泉

吉那村泉位于贡嘎县岗堆乡吉那村处,雅鲁藏布江南(右)岸一北突入江的山坡上。地理坐标为 29°19′25″N,90°44′10″E,高程 3 592 m。出露地层为花岗闪长岩。该处泉水被当地居民引来经营洗浴等,泉水雨季变浑,冬季流量反而变大,而且泉口亦要结冰,如图 6.50 和图 6.51 所示。2010 年 8 月 9 日测量,泉水温度 21.4 ℃,电导 124 μS/cm,流量为 0.1～0.2 L/s。吉那村泉水文地质如图 6.52 所示。

图6.47 春巴拱村泉远景

图6.48 干在村泉远景

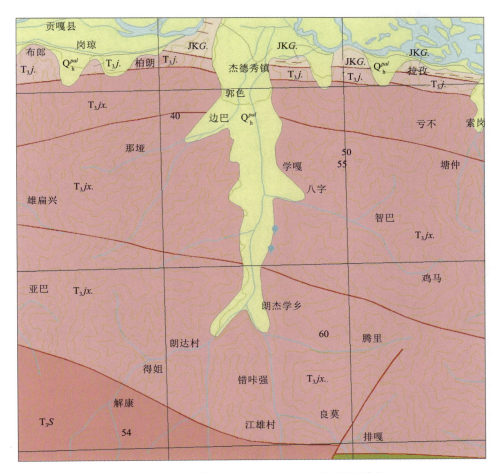
图6.49 贡嘎春巴拱村泉和干在村泉水文地质图(单位:m)

图 6.50　吉那村泉神水饭店引水处

图 6.51　吉那村泉远景

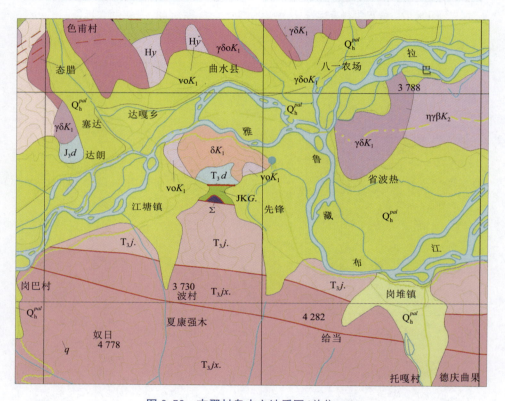
图 6.52　吉那村泉水文地质图（单位：m）

7 地下热水发育和分布特征

西藏是全球地下热水最为发育的地区之一,全区共有地热区 709 个,已确定的地热系统有 295 个。在拉萨—林芝段之间也不同程度地发育了一些热泉,研究系统调查拉萨—林芝段出露的主要温泉点,本章依据调查资料结合区域温泉出露情况,系统介绍拉萨—林芝段地下热水的出露和分布特征。

7.1 区域地热活动与分布

青藏高原特殊的大地构造位置及新构造、活动构造背景,使得其地震活动、地热活动都很强烈。由于新构造断裂切割,特别是复活性深大断裂切割,为赋存于地壳深部的高温热液物质向表部排溢提供了通道。因此,沿活动断裂带往往形成现代地热场,而在地表出露的温(热)泉是地热场作用于地壳表部的反映和迹象之一。它受活动性构造体系,特别是地壳深部新构造活动断裂控制,反映地壳和深部断裂的近代及现代的活动程度。

7.1.1 西藏地热活动特征

西藏地区的地热活动十分强烈,尤以其南部的喜马拉雅地热带为最盛。喜马拉雅地热带西起克什米尔地区,往东沿印度河进入西藏西部阿里高原,并继续往东越过马饮木山口,沿雅鲁藏布江缝合带延伸到东部昌都地区,在横断山脉与我国另一强烈的滇西地热带相衔接,整个地热带绵延逾 2 000 km。喜马拉雅地热带的南界大约与喜马拉雅山脉的主脊线一致,其北界在冈底斯火山岩带的北缘,地热带以雅鲁藏布江缝合带为中心,宽度达 300 余千米,如图 7.1 所示。

西藏地热活动主要表现为水热活动形式,其显示包括水热爆炸、间歇喷泉、沸喷泉和沸泉以及其周围的喷汽孔和冒汽地面,温度低于沸点的热泉和温泉。区域地热活动具有以下特征:

(1)分布广。在西藏地区,水热显示相当普遍,但主要分布在西藏南部即喜马拉雅构造带及冈底斯构造带中,其他地区分布零散,且强度较弱。

(2)类型复杂。西藏水热形式丰富多彩,主要有水热爆炸、间歇喷泉、沸喷泉和沸泉、热泉和温泉等。

(3)绝大部分水热显示与活动构造有关,仅部分为非活动构造类型,前者常呈带(线)状分布,而后者较分散,强度较低。

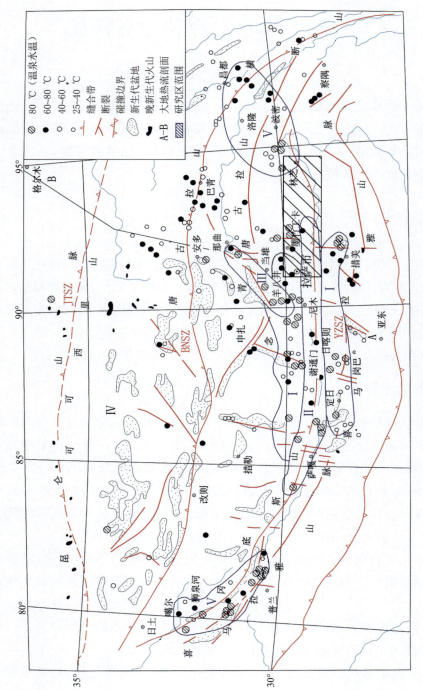

图 7.1 西藏水热区分布与构造格局图（据陈墨香修改）

水热区按佟伟(1981年)略有补充；构造格局按Dewey等(1990年)加以简化，并稍做补充和修正；YZSZ—雅鲁藏布江缝合带；BNSZ—班公湖—怒江缝合带；JTSZ—沙江—通天河缝合带；I—雅鲁藏布江谷地地热活动带；II—雅鲁藏布江大拐弯地热活动带与狮泉河地热活动区；III—念青唐古拉山南东麓地热活动带；IV—藏北地热活动区；V—藏南古拉山南东麓地热活动区与狮泉河地热活动区。

(4) 水热异常在时间、空间和成因方面与活动构造直接相关。绝大部分水热显示沿活动断裂(带)分布,如班公错—怒江深大断裂带、嘉黎活动断裂带、葛尔藏布活动构造带、桑雄—谷露活动(断陷)带等。大拐弯地区,地热异常主要沿嘉陵断裂、通麦断裂雅鲁藏布江缝合带北界断裂分布。米林—直白及多雄拉河段,处于活动块体内部,地热异常相对微弱。

(5) 西藏地区地热与地震的分布具有一致性,他们共同构成了活动构造的良好标志及区域构造稳定性评价的重要标志。

收集西藏地区306温泉样的相关数据进行统计,对温泉温度与矿化度指标进行频次分析,结果表明,全区温泉泉口采集温度在40～60℃范围的占30%;在80～100℃范围的温泉约占14%,如图7.2所示。矿化度频次的分析结果表明温泉主要为中等矿化度水,占所有水样的60%,其余基本为低矿化度水,高矿化度水仅占极少数,如图7.3所示。区域内大量温泉、热泉的出露说明区域内地热活动强烈;温泉水样主要为中等矿

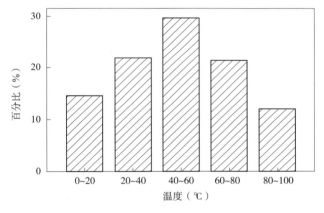

图 7.2 全区温泉温度频次分析图

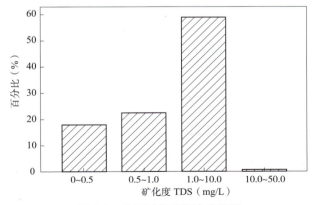

图 7.3 全区矿化度频次分析图

化度水,表明温泉在地下水系统中停留时间较长,各类型泉的水化学特征及系统运移过程中的地球化学过程在后述章节进行详细讨论。

7.1.2 地热活动相关因素

西藏地区的地热活动显示区在面状分布的背景上,又大致集中在几个区或带中;而强烈者多在雅鲁藏布江南北两侧、念青唐古拉山东南麓、雅鲁藏布江大拐弯和狮泉河地区。广大西藏北部和雅鲁藏布江谷地,地热活动相对微弱。区域内地热显示区多与以下几个区域地质特点相关,地热显示区的规模和强度取决于下列条件的完善程度。

(1)各显示区常沿区域性大断裂呈串珠状分布,例如:念青唐古拉山东南麓山前断裂。每一显示区几乎无例外地与几组断裂构造复合部位重合。而活动性断裂对地热显示区尤为必要,它们常构成断陷盆地的边界断裂,常引发第四系盖层的断层或裂缝,促使压扭性的先成断裂向张性转化,且与地震活动带相伴。

(2)西藏的地热显示区几乎全部包容在喜马拉雅山弧形构造内侧,该弧的中脊位于东经90°一线,这一带为地热显示的密集地带,而雅鲁藏布江两岸强烈地热活动带,紧紧依傍弧顶内侧,雅鲁藏布江大拐弯和狮泉河两强烈地热活动区,则位于该弧之东西两端。

(3)地热显示区内(尤强烈活动者),往往出现燕山晚期—喜山期的小型超基性岩体和中酸性—酸性岩体及其火山岩类,这预示了地热与近期岩浆活动间的因果联系,而地热流体的地球化学特征也证实了这一点。

(4)地热活动带往往也是强度大、频度高的地震活动带,如念青唐古拉山东南麓断陷谷地和雅鲁藏布江大拐弯地区等。

7.1.3 西藏地区热流值分布特征

图7.4是穿过青藏地壳—上地幔的简化的南北剖面,剖面上方标出等纬度投影于亚东—格尔木主断面线的实测热流数据(mW/m^2),形象地勾画出以下热流分布特征:

(1)以班公错—怒江缝合带为界,实测热流出现南北剧变,依此可将青藏高原分为北部古老稳定冷地体和南部年青活动热地体两大部分。两部分的实测热流可有高达近一个数量级的巨大差异。

(2)北部羌塘、巴颜喀拉、南昆仑和北昆仑4个地体具有厚壳厚幔结构,以稳定而极低的热流为特征,并有向北缓慢递减趋势,至北部的柴达木盆地大地热流密度低达$40 \ mV/m^2$;是前中生代完全固化的地质构造单元特征而偏低的热流值。

(3)南部喜马拉雅和拉萨—冈底斯两个地体显示了明显的热壳特征,热流以大幅度变化为特征,波动于$66\sim364 \ mV/m^2$之间。极有可能这两个地体是集中展示陆壳汇聚型构造诱发热作用的空间域。

(4)雅鲁藏布江缝合带罗布莎超基性岩体上测得的单个正常量级$60 \ mV/m^2$大地热流密度具有一系列区别于南北高热流区的地热属性—低温度梯度,高热传导性能,极低的放射性生热率和正常热流,从而在喜马拉雅和拉萨—冈底斯地体之间定义了一个演化中的热边界。然而,考虑到超基性岩极低的放射性生热能力,60 mV/m² 地表热流中的地幔(或深部)热流分量仍然是明显偏高的,说明狭长的雅鲁藏布江缝合带正经历着来自两侧热地体向上传播的深源热同化过程。

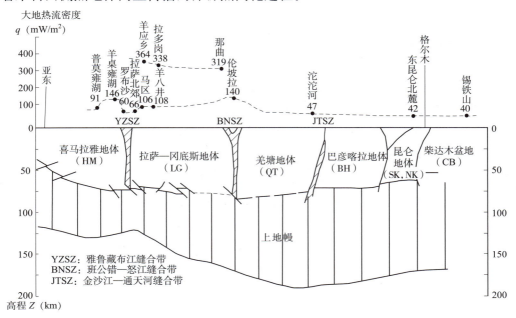

图 7.4　沿亚东—格尔木地学断面的热流剖面

(5)拉萨—冈底斯地体尤以热流大幅度变动而区别于其他地体。事实上,这是该地体尤其是其南部复杂的壳内热状态的客观反映。地壳内可能存在多层次的控制地表热流异常的垂向叠覆型场源结构。例如:罗布沙和拉萨北郊正常至略偏高的热流,可能受中地壳局部熔融层的制约而在马区、羊八井(其深部热流组分)和伦坡拉盆地测得的 100～140 mV/m² 量级的传导型热流,显然受类似于西藏南部湖区浅部热源结构所控制;至于 3 个地热区测定的高于 300 mV/m² 的传导—对流型热流与其主要受深部热传导的影响,不如主要受控于喜马拉雅地热带内每个热田区沿断裂通道循环热液的近地表水热对流的强度。西藏南部喜马拉雅地体地表热流异常的场源机制与此类似,但在层次上越向南越趋于简单。只有北部稳定地体的地表热流,才是正常壳幔热结构的地表反映。由此可见,在整个青藏高原范围内,有可能存在莫霍深度、中地壳局部熔融层、上地壳热源层和近地表水热对流循环深度等 4 个地表热流的控制层次。

(6)上述北部老地体低热流,南部年青地体高热流,这种北冷南热,以及南部两个地体又被演化中的缝合带所分割等热流分布制式,有力地支持大陆漂移、边缘俯冲、碰撞造山和镶拼增生造陆等全球大地构造演化模式。此外,热流的剖面研究提供了青藏高原地壳热结构存在横向不均一性的直接地热证据。这种不均一性与不同地体地壳岩层的波速、重力、磁性和电性不均一性是完全一致的,体现了热场与多种地球物理场的内在联系。因此,青藏高原一方面以高程均匀的原体完整性为重要标志;另一方面又以其分割为地壳结构不同、构造热特性和演化历史迥异的地块或地体为主要特征。

7.2　西藏南部地下热水分布特征

西藏南部是世界地热活动最活跃区域之一的喜马拉雅地热带东支,由区域水热活动显示,西藏南部沿雅鲁藏布江两侧为过热—高温地热活动带,但其中间被雅鲁藏布江谷地地热活动带所隔。该地热带与喜马拉雅造山运动相伴随的岩浆活动和重熔作用为地壳里的水热活动提供了强大的热源;主干断裂(雅鲁藏布江缝合线)、斜向走向断裂(念青唐古拉大断裂以及一级和次一级的南北向断裂)则为岩浆和地热流体的对流活动提供了理想的通道。其特点是壳内可能存在局部熔融或岩浆侵入活动,在拉萨周围至泽当之前,有明显的地热区稀疏带,地表未出现强烈的水热活动显示,说明似乎属于一般热带。念青唐古拉山前往北东方向延伸至那曲地区间歇泉区附近,也属于高热带。在往东至雅鲁藏布江大拐弯一段显示稀疏,喜马拉雅地热带至此似乎存在间断。从大拐弯开始折转向南与昌都高热带相接。

如图7.5所示,研究区及周边地区温泉出露分布情况反映的正是这种特征,在雅鲁藏布江两岸及昌都地区温泉出露密集,而泽当—林芝河谷地带温泉出露稀疏。拉萨以西温泉主要在那曲—当雄沿线、昂仁—谢通门、定日—定结雅鲁藏布江断裂带及年楚河沿线出露,其主要受东西向的雅鲁藏布江断裂带与近南北向的亚东—谷露—桑雄断裂带、定结—谢通门—申扎断裂带、定日—许如错—当惹雍错断裂带的控制。林芝以东温泉主要在昌都地区及八宿—察隅沿线北西向出露,该区域温泉的出露主要受控于嘉黎—波密断裂。而在研究区范围内,地表未出现强烈的水热活动显示,仅在墨竹工卡—桑日有部分温泉出露,说明它属于在高热流值背景下的一般地热显示热带。

7.3　拉萨—林芝段区域地下热水分布特征

7.3.1　拉萨—林芝段温泉分布特征

通过上述分析,拉萨—林芝段区域是西藏地热活动相对发育较弱的地区,实地调查区内温泉分布,区域内温泉沿构造带展布,其出露除受构造控制外,还受地形地貌条件的制约。温泉主要出露于花岗岩和变质岩地区,在压扭性东西向断裂与张性东西向断裂交汇处多有温泉出露。研究区根据行政区域划分,林芝地区、泽当地区及拉萨地区对不同区域温泉出露特征进行分析,见表7.1。各地区温泉出露特征为:

7 地下热水发育和分布特征

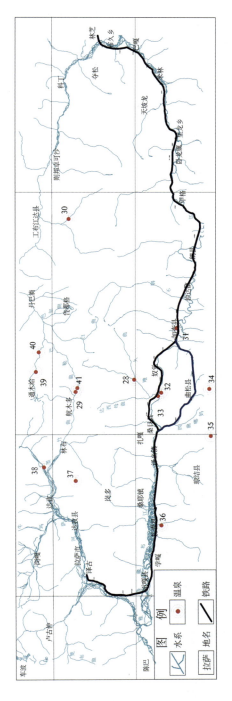

图 7.5 拉萨—林芝段区域温泉分布图

表 7.1 拉萨—林芝段区域温泉出露统计

编号	位置	坐标	高程(m)	出露地层	水温(℃)	流量(L/s)
1	吉普温泉	93°20′40″E 29°44′03″N	3 660	AnOS	43	0.2
2	沃卡温泉	92°18′54″E 29°22′57″N	3 904	$\gamma\delta K_1$	51	0.85
3	沃卡电站	92°12′40″E 29°14′50″N	3 522	$\gamma\delta K_1$	13.3	3
4	罗布沙温泉	92°14′00″E 29°13′50″N	3 520	$\gamma\delta K_1$		36～75
5	卡布桑温泉	91°57′00″E 28°53′25″N	4 280	T_3S	14	0.01
6	色吾温泉	92°15′35″E 28°54′50″N	4 400	T_3S	42～45	3.6
7	土家温泉	91°40′06″E 29°41′30″N	4 000	J_3d	6.5	
8	曲果岗温泉	91°45′00″E 29°51′45″～55″N	3 800	J_3K_1L	24	0.8
9	毒久温泉	92°15′40″E 29°41′10″N	4 380	J_3K_1L	22～36	0.2～1.2
10	日多1号	92°14′32″E 29°41′43″N	4 371	J_3K_1L	73.6	1.2
11	嘎木龙玛温泉	92°21′42″E 29°54′40″N	4 482	CPs	67	0.2
12	松多温泉	92°29′17″E 29°53′45″N	4 200	CPs	43	0.1

1. 林芝地区

林芝地区在雅鲁藏布江与尼洋河交汇口以西温泉出露较少,仅在工布江达县以南有吉普温泉出露,该温泉位于夺松—比丁断裂以西的断裂上,断裂走向为南东方向,温泉主要受断裂控制,在断裂交汇处出露,温泉水化学类型为 $HCO_3 \cdot Cl—Na \cdot Ca$ 型,温度为 43 ℃,矿化度为 2 062.5 mg/L。

2. 泽当地区

泽当地区温泉密集带主要集中在沃卡—错那断裂带,在其与沃卡韧性剪切带与雅鲁藏布江断裂带交汇处有大量温泉出露,温泉基本沿北东向出露。沃卡—错那断陷盆地,该区域分布桑日—错那断裂带,该构造带自沃卡以北向南穿过雅鲁藏布江,断续延伸至错那一带,长约 220 km,东西宽 30~40 km。断裂带由一系列北北东向、北北西和近南北向断裂组成。断裂带内变形强烈,断层岩破碎、松散,断层泥发育,在沃卡增期乡可见断层错断Ⅲ级阶地现象,新活动特征明显,泽当地区温泉水化学类型以 $Cl·SO_4—Na$、$HCO_3·SO_4—Na$、$SO_4·HCO_3—Na$ 为主,温度为 36~75 ℃,矿化度为 378~485 mg/L。

竹墨沙温泉为该区域的特殊温泉,水化学类型为 $Cl·SO_4—Na$ 型,根据前人研究资料,该类型水极有可能与火山或岩浆有关。

3. 拉萨地区

拉萨地区温泉出露也主要受断裂控制,由于不同性质断裂交汇位置,与地质背景条件的不同,被分为一个个相对独立的水文地质单元。如区域内的日多温泉区地处冈瓦纳大陆北缘、冈底斯—念青唐古拉板片中段的南部边缘地带,区域上位于雅鲁藏布江缝合带北盘,为强烈的挤压碰撞造山带。研究区内拉萨段温泉水化学类型为 $Cl·SO_4·HCO_3—Na$、$HCO_3·Cl·SO_4—Na$、$HCO_3—Ca$ $HCO_3·Cl—Na$ 型,温度为 24~74 ℃,矿化度为 1 254~1 307 mg/L。

7.3.2　拉萨—林芝段温泉出露带与构造的关系

根据调查,拉萨—林芝段温泉出露主要集中在桑日的沃卡和墨竹工卡日多乡,这是拉萨—林芝段区域内温泉最发育的两个温泉区,如图 7.6 所示。

桑日沃卡热泉位于桑日县沃卡乡,地理坐标为 29°22′57″~29°23′50″N,92°18′54″~92°19′28″E;海拔为 3 904~3 926 m;出露位置为沃卡地堑。地热区沿增久曲两侧呈北东向展布泉群,水温为 36~51 ℃。在该盆地东西两侧的山地中,出露隶属于冈底斯岩基带的始新世的二长花岗岩、晚白垩世的英云闪长岩和花岗闪长岩为主,局部分布晚白垩世的石英砂岩和火山沉积岩系。

日多温泉位于墨竹工卡日多乡,温泉区地理坐标为 29°41′~29°42′N,92°13′~92°15′E。温泉区大致呈长方形沿墨竹曲两岸展布,长约 800 m,宽约 350 m,面积为 0.3 km²。

拉萨—林芝段区域内温泉最发育的两个温泉区均受断裂发育控制,如图 7.6 所示。

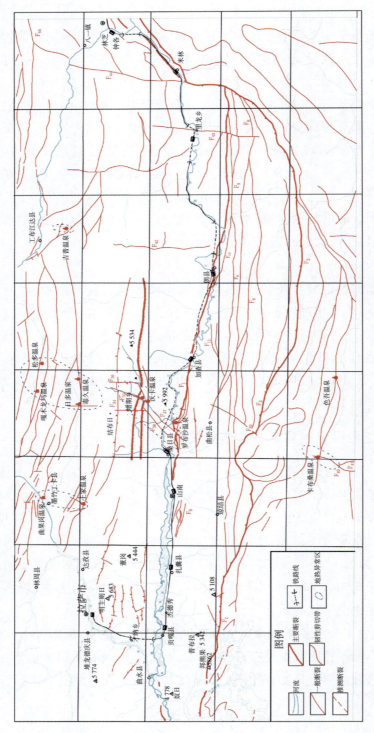

图 7.6 拉萨—林芝段温泉出露泉与构造关系图(单位:m)

8 热水水化学及同位素特征

水化学及同位素组成特征是分析地下水、热水形成的重要手段,为了研究区域地下热水的形成及地下水来源和循环地质条件,研究中采集区域内温泉、冷泉、各类地表样品120组,分析隧址区及附近地区天然水的化学组成及同位素组成特征。

8.1 水样采集与分析

集中于2010年7月中旬～8月中旬,共采集120套水样,包括雅鲁藏布江江水、溪水、冷泉水、井水、拉萨河水、尼洋河水、温泉水,取样位置如图8.1所示。根据研究需要,这些样品中包括水质全分析12件、简分析108件、侵蚀CO_2 115件和氢氧稳定同位素60件。

8.2 冷水水化学组分基本特征

地下水水化学类型是在长时期内,在地质、水文地质等因素的控制下,与围岩介质作用形成的。地下水中的宏量组分正好能反映地下水与地质环境长期作用的过程,地下水常量组分研究是水文地球化学研究的一种重要手段,通过分析各种水的化学组分,结合水文地质研究,可以找出各类水的潜在关系。

根据研究区内补、径、排条件的差异,为了便于分析各区域地下水与地表水之间的水力联系条件及地下水的径流过程,分别将水样分为江水、主要支沟水、冷泉水和温泉水,将它们的水化学常量组分进行归纳统计。依据检测资料对研究区天然水化学组分特征进行简述。

8.2.1 雅鲁藏布江江水水化学特征

采集雅鲁藏布江水样8件,以及雅鲁藏布江最大两条支流拉萨河水样4件,尼洋河水样1件。研究区内,雅鲁藏布江主流沿途400 km,均衡布置采样点,采样点位置高程范围为2 900～3 700 m,主要目的是:

(1)对比雅鲁藏布江与其主要支流水化学组分的差异。
(2)了解不同段位江水化学组成,分析地下水对江水径流的贡献值。

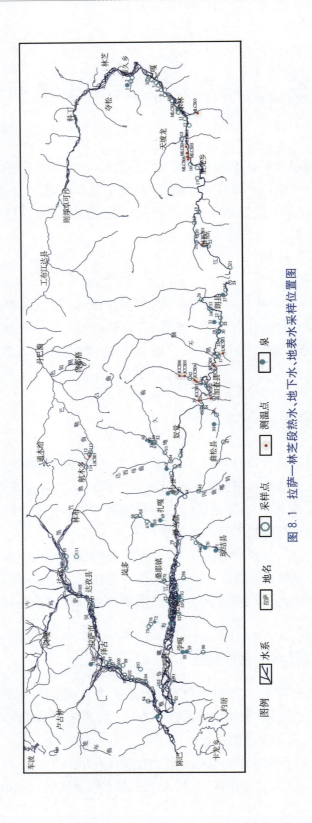

图 8.1 拉萨—林芝段热水、地下水、地表水采样位置图

(3)雅鲁藏布江为混合补给型河流,从拉萨到林芝,由于受海拔与季风的影响,形成气候分带,通过分析各段水化学组分不同,了解雅鲁藏布江各段位的补给变化规律。

水质分析结果表明,雅鲁藏布江及其两条重要支流水样主要为 HCO_3—Ca 型水,仅是在泽当段采取的江水样为 $SO_4 \cdot HCO_3$—Ca 型水。在三条河流中,主流水系矿化度明显较支流水系高,尼洋河的矿化度最低为 42.83 mg/L,雅鲁藏布江江水矿化度为 65.11~163.23 mg/L,拉萨河水矿化度为 94.74~107.14 mg/L;侵蚀 CO_2 含量为 0.71~15.40 mg/L;12 件水样 pH 值为 7.31~7.72,呈中性。江水为远源补给的水体,水化学组成反映了流域上部综合水岩作用。一般来讲,江水矿化度高于当地大气降水。从三类水样比较中表明(表 8.1),区域内除 pH 值的变化无明显相关性外,其他指标均为主流水样大于支流水样,说明雅鲁藏布江部分补给来源于矿化度较地表水高的地下水,但各段所占比例有差别。

通过矿化度及离子含量数据对比表明,拉萨河与尼洋河的数据变化区间较小,而雅鲁藏布江水指标从拉萨到林芝存在明显递减关系(图 8.2),整段矿化度平均值为 124.07 mg/L,而在米林段采取水样仅为 65.1 mg/L,其主要控制因素如下:

(1)拉萨到林芝海拔逐渐降低,受印度洋季风的影响不断加强,降水量由拉萨的不足 500 mm,到林芝的墨脱段降雨量为 2 600 mm。

(2)主要支流水系补给形式的变化,由于高原特殊的环境,在尼洋河水系范围内分布大片的海洋性冰川,成为该片流域的主要补给源。

表 8.1 江水水化学数据对比

编号	流域	取样位置	pH值	阳离子(mg/L)				阴离子(mg/L)			矿化度 (mg/L)
				K^+	Na^+	Ca^{2+}	Mg^{2+}	Cl^-	SO_4^{2-}	HCO_3^-	
1	尼洋河	林芝	6.94	0.61	1.09	11.72	2	0.65	7.35	38.8	42.83
2	雅鲁藏布江	米林	7.18	1.01	3.05	16.96	2.76	2.12	11.5	55.4	65.11
3		卧龙	7.78	1.25	6.02	31.24	5.65	5.39	23.5	98	122.05
4		朗县	7.39	1.19	5.86	39.3	5.76	5.88	20.3	125	140.79
5		加查	7.53	1.23	6.43	39.85	6.018	6.53	22.6	122	143.66
6		桑日	8.23	1.3	6.4	33.26	5.41	5.55	26.2	98.6	127.43
7		乃东	7.95	1.28	6.48	32.37	5.6	5.72	30.9	89.7	127.21
8		扎囊	8.23	1.23	6.09	31.8	4.87	5.29	23.8	99	122.68
9		贡嘎	7.93	1.21	6.07	44.45	6.69	4.41	32.9	135	163.23
10	拉萨河	拉萨河	7.78	0.95	3.9	26.37	4.81	5.06	13.8	87.3	98.55
11		拉萨河	7.63	1.26	4.57	26.6	6.57	4.74	10.9	105	107.14
12		达孜区	8.05	1.05	3.8	26.42	5.26	3.59	15	95.3	102.78
13		墨竹工卡	7.96	0.98	3.54	25.67	4.77	3.43	15.6	81.5	94.74

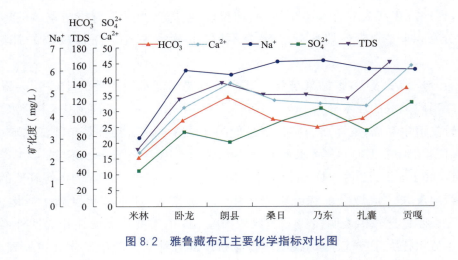

图 8.2 雅鲁藏布江主要化学指标对比图

8.2.2 溪水水化学特征

雅鲁藏布江沿岸支流水系发育,研究共采集 69 件溪水进行化学分析,包括雅鲁藏布江较大支流和对铁路工程施工有影响的支沟。统计分析结果表明,溪水矿化度在 10.89~298.75 mg/L 之间,大部分低于江水,雅鲁藏布江为当地最低侵蚀基准面,所以大部分地下水直接排泄入江水中。Pipper 三例如图 8.3 所示。

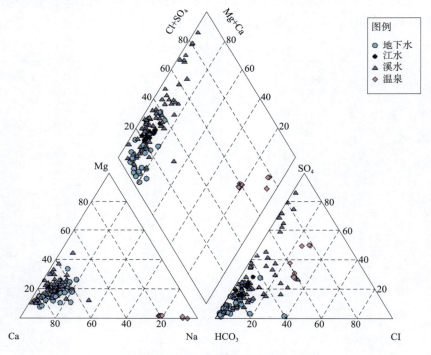

图 8.3 Pipper 三线图(单位:mg/L)

全区水化学主要离子成分存在一定差异,阳离子主要为 Ca^{2+} 和 Mg^{2+},仅在桑日县沃卡温泉下游出现一例 HCO_3—$Na·Ca$ 型溪水,此水样的采集在沃卡地堑下游,而在沃卡盆地内出露有阳离子为 Na^+ 的温泉水,阴离子主要为 HCO_3^-,在朗县段所取沟水中检验出 SO_4—$Mg·Ca$ 和 $HCO_3·SO_4$—$Mg·Ca$ 型水。溪水 pH 值为 7.01~8.68,呈中性~弱碱性。

高原地区溪水主要补给源为降水、冰川融水和地下水的渗入补给。因此,研究区内溪水矿化度的变化跨度较大,主要取决于各种补给方式所占比例。由于气候条件及林芝地区发育水系主要补给方式为冰川补给,所以林芝地区溪水矿化度明显低于山南地区和拉萨地区,这与雅鲁藏布江主流的变化趋势一致。而矿化度高的沟,说明支沟地下水比例高,含水能力强,可间接表明支沟内水岩作用的强烈程度。以溪水的分析结果来看,朗县段 SO_4^{2-} 含量高的水,与矿化度有很好的正向相关性,即富含 SO_4^{2-} 的水样,矿化度要比附近区域水系矿化度高出 3~4 倍。这些水样主要在雅鲁藏布江断裂带内采集,断裂带内岩石破碎,节理裂隙发育,与地下水沟通存在良好的通道,在溪水中有大量的地下水补给。

8.2.3　冷泉水、井水水化学特征

分别采集冷泉水样 25 件和井水样 5 件,进行化学分析,泉水出露点主要受构造控制,采集泉水大部分受断层控制。从表 8.2 统计分析结果看,冷泉水和井水矿化度为 36.01~291.17 mg/L。水化学主要离子成分相似,在采集水样中有 84% 水化学类型主要为 HCO_3—Ca 型。侵蚀 CO_2 含量为 0.47~9.18 mg/L,水样 pH 值为 7.08~8.43,呈弱碱性。

由水化学组成可以分析,冷泉水与溪水离子成分有明显的相似性,即泉水与溪水可能来自同一补给源。

8.3　温泉样水化学组分基本特征

深循环的热水,在补给、径流、埋藏和排泄的长期演化过程中,不断对围岩系统进行淋滤并发生组分的交换作用,使水中稳定组分聚集。热水的矿化度和离子含量常常反映出地下水的循环条件。

研究共采集 9 件温泉水样(表 8.3):沃卡温泉水样 4 件,温度为 35.8~51.0 ℃,矿化度为 249.3~366.6 mg/L,主要阴离子为 SO_4^{2-},主要阳离子为 Na^+;日多温泉水样 5 件,温度较为接近平均为 73.9 ℃,矿化度为 996.5~1 004.9 mg/L,主要阴离子为 HCO_3^-,主要阳离子为 Na^+。研究区采集的 12 件水样分析表明 pH 值为 7.36~8.55,属于中性~偏碱性水,高矿化度表明区内热水径流路径长,可能是来自深部的水。

表 8.2 水样常量化学组分统计

水点性质		阳离子(mg/L)				阴离子(mg/L)			pH值	矿化度 TDS (mg/L)
		K^+	Na^+	Ca^{2+}	Mg^{2+}	Cl^-	SO_4^{2-}	HCO_3^-		
尼洋河		0.61	1.09	11.72	2.01	0.65	7.35	38.8	6.94	42.83
雅鲁藏布江		1.01~1.3	3.05~6.48	16.96~44.45	2.77~6.69	2.12~5.88	11.5~32.9	55.4~135	7.18~8.23	65.11~163.23
拉萨河		0.15~1.26	3.54~4.57	25.67~26.6	4.77~6.57	3.43~5.06	10.9~15.6	81.5~105	7.63~8.05	94.74~107.14
沟水	林芝	0.15~4.04	0.32~6.90	2.37~69.87	0.56~16.2	0.82~7.84	1.43~184	7.18~225	7.01~8.08	10.89~282.76
	山南	0.14~2.25	0.64~12.83	8.19~65.20	1.10~18.8	1.14~9.8	3.06~181	19~215	7.48~8.68	30.96~298.76
	拉萨	0.17~1.73	0.73~8.22	12.33~72.88	2.26~9.49	1.14~9.31	6.74~152	30.6~159	7.75~8.16	48.84~274.88
冷泉水		0.10~4.41	1.83~23.78	8.95~70.82	1.35~17.5	0.65~35.6	1.14~60.5	34.6~311	7.08~78.43	36.01~291.17
沃卡温泉		1.65~2.14	75.3~124.2	6.49~15.78	0.02~0.88	33.3~55.7	73.7~137	68.2~97.3	8.31~8.55	249.33~366.61
日多温泉		23~24.2	286~297	64.05~70	3.17~3.67	179~185	233~256	426~445	7.36~7.38	996.53~1 040.88

表 8.3 温泉水化学数据对比

名称	编号	温度(℃)	阳离子(mg/L)				阴离子(mg/L)			矿化度 TDS (mg/L)	水化学类型
			K^+	Na^+	Ca^{2+}	Mg^{2+}	Cl^-	SO_4^{2-}	HCO_3^-		
沃卡温泉	1	51.0	1.91	114.69	9.08	0.06	52.3	123	68.2	335.1	$Cl·SO_4$—Na
	2	48.1	2.14	123	9.34	0.78	55.7	137	77.3	366.6	$Cl·SO_4$—Na
	3	68.2	2.13	124.26	6.49	0.02	45.6	128	87.6	350.3	$HCO_3·SO_4$—Na
	4	35.8	1.65	75.37	15.78	0.88	33.3	73.7	97.3	249.3	$SO_4·HCO_3$—Na
日多温泉	1	73.6	23.81	294.44	70.00	3.42	180	256	426	1 040.7	$Cl·SO_4·HCO_3$—Na
	2	73.8	24.01	296.66	68.03	3.54	185	243	439	1 039.7	$SO_4·Cl·HCO_3$—Na
	3	73.3	24.23	296.88	68.60	3.67	184	241	445	1 040.9	$SO_4·Cl·HCO_3$—Na
	4	73.9	23.44	292.88	64.37	3.56	184	223	432	1 007.3	$SO_4·Cl·HCO_3$—Na
	5	74.7	23.03	286.28	64.05	3.17	179	227	428	996.5	$SO_4·Cl·HCO_3$—Na

各组温泉水样对比表明,水样中各离子组分相近,两组水样都应该是来自各自共同的补给源及经历相同径流的环境。沃卡温泉 4 个水样存在温度差异,如图 8.4 所示。主要离子含量也存在相应的变化,温度差值较小的水样中,各项数据值变化不大,沃卡温泉 4 号温度最低,Na^+ 及 SO_4^{2-} 下降幅度明显,伴随着 Ca^{2+} 与重碳酸根离子的含量增大,说明水样中有浅层 HCO_3—Ca 型地下冷水的混入,而浅层地下水混入比例的多少对温泉水样的数据有重要影响。

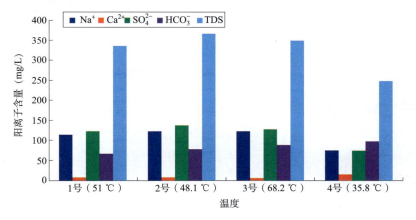

图 8.4 沃卡温泉水样主要离子数据对比

在对温泉水样主要阳离子含量的对比分析中可以看出(图 8.5),温泉中 Na^+ 的含量最高,由于 Na^+ 是易迁移元素,当深循环的热水与围岩接触时,易溶的钠盐能迅速且最大限度地溶解。根据坝址区地质背景,认为目前温泉水水化学组成发生钠长石的不全等溶解。即:

$$NaAlSi_3O_8 + CO_2 + 5.5H_2O \rightarrow 0.5Al_2Si_2O_5(OH)_4 + Na^+ + 2H_4SiO_4 + HCO_3^-$$
（钠长石）　　　　　　　　　　（高岭土）

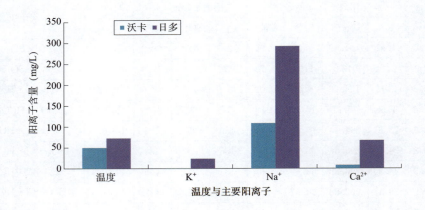

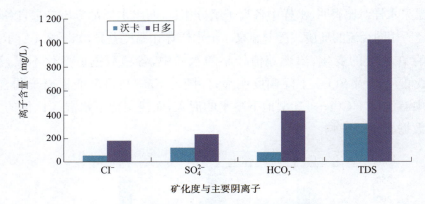

图 8.5 沃卡、日多温泉主要化学组分对比图

在对两个温泉中阴离子含量及矿化度的对比分析可以看到,日多温泉主要阴离子含量及矿化度都高于沃卡温泉。沃卡温泉的主要阴离子为 SO_4^{2-},说明沃卡温泉主要的水文地球化学作用除了钠长石的不全等溶解,还存在其他含硫酸盐沉积物的溶解或硫化物的氧化与分解,同时 SO_4^{2-} 含量高,反映出该地下水是来自深部循环的事实。

8.4 微量化学组分基本特征

研究选择 12 件泉水样进行全分析测试,12 件水样中有 3 件温泉样,其化学组分与冷泉水样有着明显差异,这里仅讨论热水中微量元素的基本特征与其他类型泉水的差异。根据水样的微量元素化学组分分析结果(表 8.4),并进行统计归纳,水样中微量化学组分具有如下特点:

表 8.4 微量化学组分含量统计表

(单位:mg/L)

编号	取样位置	TDS	SiO_2	Sr	Li	F^-	B	Rb	Cs	As	Sb	Bi	Hg
1	涧嘎镇	181.479	11.20	0.110	0.0130	0.110	0.083	0.0028	0.0077	0.0004	0.000 09	0.000 11	0.000 12
2	巴珠乡	65.482	8.00	0.062	0.0140	0.083	0.014	0.0043	0.0190	0.0003	0.000 11	0.000 07	0.000 65
3	沃卡温泉	335.139	50.90	0.024	0.0600	9.590	2.510	0.3300	0.0880	0.2900	0.000 18	0.004 20	0.000 81
4	沃卡高温泉	350.3004	69.10	0.150	0.0170	10.400	0.680	0.0100	0.0380	0.2800	0.000 13	0.004 50	0.000 97
5	桑日水厂	36.322	8.33	0.050	0.0052	0.076	0.035	0.0014	0.0063	0.0008	0.000 07	0.000 11	0.000 06
6	门中村	181.01	24.50	0.140	0.0046	0.130	0.099	0.0011	0.0120	0.0004	0.000 12	0.000 04	0.002 50
7	扎西多卡寺	97.494	16.70	0.110	0.0021	0.059	0.079	0.0010	0.0038	0.0014	0.000 08	0.000 32	0.002 30
8	恰玛村	209.718	20.00	0.140	0.0130	0.900	0.110	0.0008	0.0052	0.0005	0.000 14	0.000 13	0.000 28
9	挖章四村	149.799	28.10	0.099	0.0150	0.280	0.036	0.0012	0.0055	0.0007	0.000 16	0.000 32	0.000 13
10	春日拱村	85.342	29.70	1.370	2.5100	0.350	21.800	0.2400	0.0100	0.0006	0.000 12	0.000 09	0.000 19
11	多日3号温泉	1040.875	33.90	0.230	0.0270	5.880	0.220	0.0015	2.1100	1.7900	0.000 21	0.026 00	0.003 60
12	东嘎岩溶泉	209.836	23.20	0.200	0.0620	0.250	0.260	0.0031	0.0150	0.0078	0.000 07	0.001 80	0.001 00

(1)温泉与冷泉微量元素含量有较大差异,一般温泉水样中含量是冷泉水中几倍甚至几个数量级,温泉与冷泉微量元素含量平均值的关系见表8.5。

(2)冷水泉中微量元素变化幅度基本不大,基本与当地背景值接近,但不同区域之间 SiO_2 变化幅度较大,并与其径流环境有密切关系。

(3)冷水泉中编号 10 数据存在异常,矿化度及 SiO_2 含量均与当地平均值相近,但是其 Li 与 B 含量比温泉水样的数据高出近两个数量级。

(4)温泉水中微量元素各项指标分析结果无明显规律和相关性,仅对沃卡温泉两组水样分析结果对比说明,SiO_2、Sr 和 F^- 含量与温度存在正向相关性,而 B 和 Rb 却呈现负向相关性。

Li、Sr、SiO_2 含量均反映不同地下水形成条件的差异。一般来讲,在同一区域,岩性相近的条件下,含量值越高,揭示地下水与岩石相互作用的时间越长。温泉水样中的这些离子含量普遍要比冷泉水中的含量要高,说明温泉水是循环途径更深的地下水。但这些离子的富集也是复杂的,地下水在地下的径流过程不能仅仅通过这些离子含量进行判断,要结合水文地质条件进行综合分析。

表 8.5　温泉与冷泉微量元素含量平均值的关系表　　（单位:mg/L）

类型(平均值)	温泉	冷泉	倍数（温泉/冷泉）
SiO_2	51.300 0	17.500 0	2.93
Sr	0.114 0	0.114 0	1.00
Li	0.034 7	0.016 1	2.15
F^-	8.623 0	0.236 0	36.54
B	1.137 0	0.090 0	12.70
Rb	0.113 8	0.002 0	58.00
Cs	0.745 3	0.009 3	80.04
As	0.786 7	0.001 5	511.65
Sb	0.000 17	0.000 11	1.65
Bi	0.011 57	0.000 36	31.91
Hg	0.001 79	0.000 88	2.04

8.5　温泉水水质变化特征

为了解研究区范围各温泉水质变化特征,在《西藏温泉志》中收集研究区内温泉点水化学数据与所采集样本检测数据进行对比分析。

8.5.1 热泉水化学组分随时间变化

将沃卡温泉、日多温泉与历史(前人)检测数据对比,如图 8.6 和图 8.7 所示,两次检测结果基本相近。沃卡温泉中主要的阳离子为 Na^+,而阴离子存在一定的变化,前面已论述沃卡温泉检测结果受到冷水混入比例的影响,所以阴离子的差异主要取决样品混入浅层冷水的比例。日多温泉的变化幅度较小,两次检测水化学类型一致都为 $Cl\cdot SO_4\cdot HCO_3$—Na 型水。两次检测表明这两处温泉动态稳定,在时间分布上变化不明显。

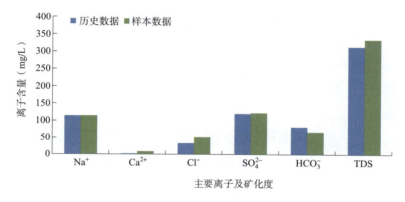

图 8.6 沃卡温泉主要离子两次检测结果对比

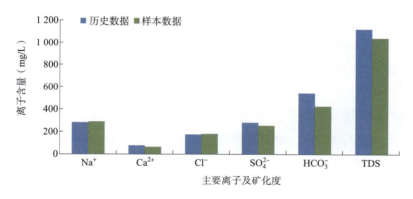

图 8.7 日多温泉主要离子两次检测结果对比

8.5.2 温泉水化学组分与其他数据相关性分析

根据数据中阴离子的首要离子,将所收集的温泉样进行分类,共分为 3 个主要类型及 2 个亚类。Ⅰ类以 Cl^- 为首要离子;Ⅱ类以 SO_4^{2-} 为首要离子;Ⅲ以 HCO_3^- 为首要离子。在三类中主要阳离子有较大差异,根据首要阳离子为 Ca^{2+} 或 Na^+ 分为 Ⅲ$_1$ 类和 Ⅲ$_2$ 类。

分区水样中阴阳离子关系如图8.8所示。

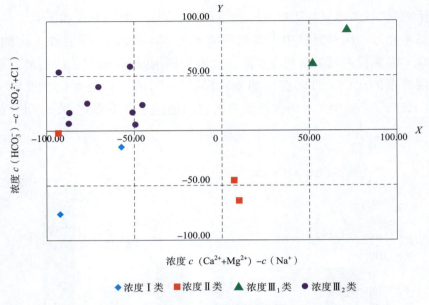

图8.8 研究区温泉水化学组分矩形分布图

(1) Ⅰ类以 Cl^- 为首要离子，分别分布在乃东和曲松县。水化学类型为 $Cl·HCO_3$—Na 型，矿化度都大于1 g/L，属于中等矿化度水，微量元素含量是全区最高的，具有温度指示作用的 SiO_2 含量为150～245 mg/L，也是全区最高，由此推测这两个温泉的热储温度也可能是全区最高的。世界一些著名的现代火山型高温地热田产生此类型水，一般认为这种型水与岩浆活动有关。

(2) Ⅱ类阴离子以 SO_4^{2-} 为首要离子，毫克当量百分数皆超过50%，研究区内有三个温泉点为此类，分布在林芝地区和桑日县。矿化度为314～1 325 mg/L，变动范围较宽属于中或偏碱性，微量元素在所有温泉数据中含量较高，温度水平多数为中等，属温泉，但在研究区内也有高温的，如沃卡热泉。

(3) Ⅲ以 HCO_3^- 为首要离子，$Ⅲ_1$ 类温泉首要阳离子为 Ca^{2+}，资料显示这类温泉在墨竹工卡和桑日县均有出露，矿化度为150～480 mg/L。这类温泉的矿化度与微量元素的含量均为全区最低，温度水平也属于全区最低，温泉基本在水力循环时间较短，在岩层中停留时间较短。

$Ⅲ_2$ 类温泉首要阳离子含量为 Na^+，矿化度及微量元素均比 $Ⅲ_1$ 类高，且分布范围较广。在研究区内各地方都有分布，这类温泉中温度与 Na^+ 含量有很好的正向相关性，与 Ca^{2+} 则呈负向相关，温度水平由20 ℃到超过当地沸泉。日多温泉属于这类分类。收集温泉点水化学资料见表8.6。

表 8.6 收集温泉点水化学资料

编号	位置	温度(℃)	pH值	阳离子(mg/L)				阴离子(mg/L)				其他项目				矿化度TDS(mg/L)	水化学类型
				K^+	Na^+	Ca^{2+}	Mg^{2+}	Cl^-	SO_4^{2-}	HCO_3^-	F^-	As	SiO_2	Rb	Cs		
1	曲果岗	24	7	3.1	32.5	125	26.5	5.21	9.23	542	0.37	0/010	12.5	<0.02	<0.05	472.54	HCO_3-Ca
2	德宗	42.8	6.5	22.5	248	110	7.7	108	18.1	813	0	0.48	49.9	0.25	2	920.8	$HCO_3·Cl-Na·Ca$
3	查曲	60~80	8	53.5	485	17.2	7.28	320	119	889	10.3	0.71	104	0.8	3.75	1446.48	$HCO_3·Cl-Na$
4	日多	70	7.5	27	285	78.2	3.54	174	283	547	15	1.34	73	0.3	2.4	1124.24	$HCO_3·SO_4·Cl-Na·Ca$
5	毒久	22~36	7.5	57.5	444	98.2	17	281	180	875	5.92	1.1	29.6	0.98	8.21	1515.2	$HCO_3·Cl-Na$
6	卡布桑	14	5	141	715	125	26.1	886	60.8	1153	2.08	0.05	150	3.12	17.8	2530.4	$HCO_3·Cl-Na$
7	沃卡热泉	43~61	7.5	4.15	114	2.45	0.6	33	120	80.6	10.1	0.21	51.6	0.08	0.34	314.5	$SO_4·Cl·HCO_3-Na$
8	沃卡	13.3	6.5	5.4	15.6	23.5	11.6	17.8	5.4	143	0.21	0.03	19	<0.02	<0.05	150.8	$HCO_3-Ca·Na$
9	罗布莎	36~75	7.9	610	2550	62	17.1	4212	125	1035	9.02	19.9	245	13.5	99.8	8093.6	$Cl·HCO_3-Na$
10	色吾	42~45	7.8	8.63	235	4.45	1.9	92.1	6.75	542	3.05	0.03	53	0.06	0.54	619.83	$HCO_3·Cl-Na$
11	嘎木龙玛	67	6.65	375	375	20.4	1.21	236	95.6	518	9	0.1	107			987.21	$HCO_3·Cl·SO_4-Na$
12	松多	43	6.9	171.7	171.7	33.8	7.84	46.9	44.7	449	3.5	0.04	35			529.44	$HCO_3·Cl-Na·Ca$
13	吉普	43	6.65	555.4	555.4	55.2	5.12	341	36.5	1020	3.8	0.45	45			1503.22	$HCO_3·Cl-Na·Ca$
14	那木	50.5	8	4.5	83.5	88.46	0	7.09	390	59.92	2.5		32.5			603.51	$SO_4-Na·Ca$
15	扎曲	85	8.05	226.83	226.83	106.7	72.6	15.9	744.6	317.4						1325.33	$SO_4·HCO_3-Na·Ca$
16	阿斯登	94	8.4	210.45	210.45	26.17	3.46	39.1	118.5	380.9						588.13	$SO_4·HCO_3-Na$
17	阿斯登	>60	8.5	104.12	104.12	32.71	0.84	20.2	112.1	168.6						354.27	$SO_4·HCO_3-Na$

8.6 温泉热储温度计算

通常,当某一地区的水化学体系是处于一定温度、水—岩相互作用最终达到基本平衡状态时,可用那些与温度存在相关关系的化学组分作为地球化学温标,估算其热水的热储温度和热储深度。其中,二氧化硅(SiO_2)地热温标是最常用、最有效的地热温标之一。

二氧化硅地热温标是利用热水中的 SiO_2 溶解度与温度的关系估算地下热储温度,在许多情况下误差仅有±3 ℃。其理论基础是 SiO_2 矿物在热水中的溶解—沉淀平衡理论,SiO_2 溶解度随温度升高而增加。

自然界的二氧化硅矿物主要有石英和玉髓。目前,用于计算地下热储温度的硅温标依赖于由实验求得的石英和玉髓的溶解度。一般,石英地热温标应用于高温热储,玉髓地热温标应用于低温热储。研究表明,在 110 ℃ 以下,一般是玉髓控制着溶液中二氧化硅的含量;在 180 ℃ 以上,则是石英控制着溶液中二氧化硅的含量;在 110~180 ℃ 之间,玉髓和石英都可以和溶液达到平衡。Fournier 认为,玉髓是颗粒极为细小的变种石英,它与普通石英相比具有更大的表面能,更容易溶解。由于完全溶解以后,表面能不再起作用,因此,在 120~180 ℃,玉髓与水接触不稳定。而且,温度、时间、流体成分以及水—岩之间作用的历史(无定形二氧化硅的重结晶和石英的直接沉淀析出)等因素都影响石英颗粒的大小。因此,在有些地区,特别是较老的地热系统中,结晶良好的石英,即使在 100 ℃ 以下仍能控制二氧化硅的含量;在另一些地区,玉髓在高达 180 ℃ 以上的温度下仍能控制二氧化硅的含量,特别是对于较年轻的地热系统来说,更是如此。

Fournier R. O. 给出的石英和玉髓地热温标的定量关系式分别为

石英(无蒸汽损失)

$$t(℃) = \frac{1\,309}{5.19 - \lg c_{SiO_2}} - 273.15$$

玉髓

$$t(℃) = \frac{1\,032}{4.69 - \lg c_{SiO_2}} - 273.15$$

其他地热温标,Na-K-Ca 温标为

$$t(℃) = \frac{1\,647}{\lg c_{Na/K} + \beta[\lg(\sqrt{c_{Ca}}/c_{Na}) + 2.06] + 2.47} - 273.15$$

$t > 100℃, \beta = 4/3$;$t < 100℃, \beta = 1/3$。

Na-K 温标为

$$t(℃) = \frac{855.6}{\lg c_{Na/K} + 0.857\,3} - 273.15$$

结合以上理论和研究区内热泉的实测温度,采用 SiO_2 为地热温标,并用 Na-K-Ca 与

Na-K 温标的计算值做对比,取用较合理的计算值,经计算各区域的热储温度见表 8.7。

表 8.7 各区域热泉热储温度汇总

编号	取样点	可溶性 SiO$_2$ 含量(mg/L)	水样温度(℃)	玉髓地热温标(℃)	石英地热温标(℃)	Na-K-Ca 温标(℃)	Na-K 温标(℃)
1	曲果岗	12.5	24	14.07	46.66	136.28	182.48
2	德宗	49.9	42.8	71.78	101.72	185.42	213.16
3	查曲	104.0	60~80	112.94	139.40	238.08	223.87
4	日多	73.0	70	91.94	120.34	194.01	188.96
5	毒久	29.6	22~36	47.48	78.85	198.24	217.16
6	卡布桑	150.0	14	137.37	161.17	232.10	274.47
7	沃卡热泉	38.0	43~61	58.66	89.43	141.22	99.47
8	沃卡	19.0	13.3	29.38	61.53	204.49	376.00
9	罗布沙	245.0	36~75	175.38	194.21	286.85	305.54
10	色吾	35.0	42~45	54.89	85.88	148.14	100.09
11	嘎木龙玛	107.0	67	114.73	141.01		
12	松多	35.0	43	54.89	85.88		
13	吉普	45.0	43	66.68	96.96		
14	沃卡 1 号	69.1	51	88.89	117.54	100.48	51.50
15	沃卡 2 号	69.1	48.1	88.89	117.54	102.77	53.82
16	沃卡 3 号	69.1	68.2	88.89	117.54	104.62	53.04
17	沃卡 4 号	69.1	35.8	88.89	117.54	101.99	66.78
18	日多 1 号	33.9	73.6	53.45	84.52	168.00	165.74
19	日多 2 号	33.9	73.8	53.45	84.52	168.42	165.83
20	日多 3 号	33.9	69.2	53.45	84.52	168.79	166.62
21	日多 4 号	33.9	73.3	53.45	84.52	168.09	164.71
22	日多 5 号	33.9	74.2	53.45	84.52	168.01	165.21

由表 8.7 的计算结果知,沃卡断陷盆地热储温度在 90 ℃左右,属于中温地热系统;而日多水热区热储温度均高于 150 ℃,属于高温地热系统。

8.7 离子间相关性分析

根据研究区天然水水化学结果,为了分析各类水样中各环境下发生主要水文地球化学作用,对各离子之间的相关关系进行对比分析,特征如下:

(1)研究区内除在朗县段雅鲁藏布江断裂带内采集水样和温泉外,水样的矿化度与 HCO_3^- 呈明显的正相关关系,如图 8.9 所示。说明在大部分水样中 HCO_3^- 为主要离子成分,全区出露地层主要为变质岩和火成岩等,重碳酸根离子的来源主要是长石类矿物的不全等溶解。

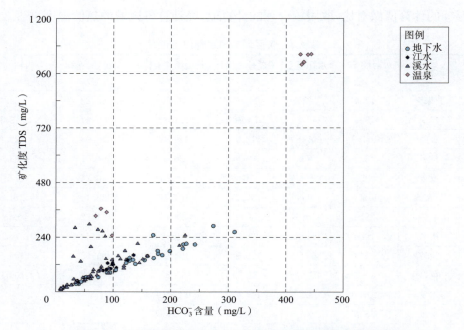

图 8.9 拉林铁路工程水样 HCO_3^- 离子含量与矿化度关系图

(2)全区除温泉外,所采集水样的矿化度与 Ca^{2+} 呈明显的线性正相关关系,如图 8.10 所示,其主要来源是地下水与所经历地层之间的溶滤作用。而两组温泉水样所表现出来的水化学特征,说明这两个温泉的水化学类型是不相同的,它们之间有水力联系可能极小,是相互独立的水系统。它们还接受一部分本身为大气降水,但经过更

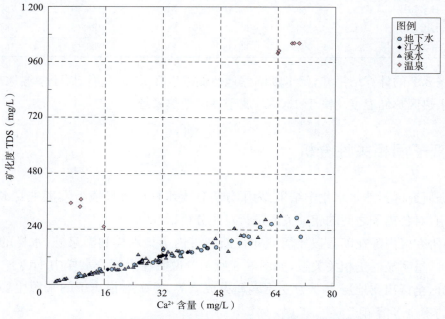

图 8.10 拉林铁路工程水样 Ca^{2+} 离子含量与矿化度关系图

深部循环的深循环水的补给,深循环水的水化学特征和所占补给比例对水样的水化学性质有一定的控制作用。

(3)根据上述分析,对冷水样与温泉水样中的主要离子进行相关性分析,如图 8.11 所示,在冷水样中 Ca^{2+} 与 HCO_3^- 有较明显的相关性,说明在冷水样中这两种离子主要来源于碳酸盐岩的淋滤与含钙长石类矿物的不全等溶解,才会呈现出如此的线性相关关系。在温泉水中,如图 8.12 所示,Na^+ 与 SO_4^{2-} 有较好的相关性,且在水样中含量较高,而温泉出露区域内冷水样水化学类型主要为钙离子和重碳酸根离子,所以温泉中的较深循环水中的主要离子为 Na^+ 与 SO_4^{2-}。

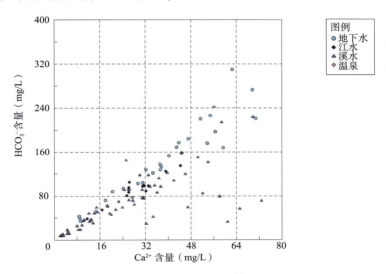

图 8.11 拉林铁路工程冷水样 Ca^{2+} 与 HCO_3^- 关系图

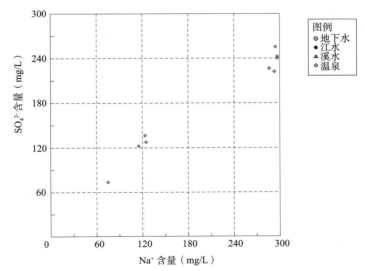

图 8.12 拉林铁路工程温泉水样 Na^+ 与 SO_4^{2-} 关系图

8.8 温泉稳定同位素组成特征

研究采集氢氧稳定同位素水样 60 件,样品采集日期为 2010 年 7 月 22 日～2010 年 8 月 18 日。采样现场用意大利哈纳水质分析仪器 HI 98311 型笔式电导率仪对水样进行电导率和水温的测定,氢氧稳定同位素送中国地质科学院岩溶地质研究所岩溶地质与资源环境测试中心测试。氢同位素测定采用锌反应法;氧同位素测定采用 CO_2-H_2O 平衡法,测定仪器为 MAT253 同位素质谱仪,测定结果以相对于 V—VSMOW 标准的千分差表示,测定精度分别为 ±2.0‰ 和 ±0.2‰,测试数据见表 8.8。

表 8.8 拉林铁路氢氧稳定同位素测试数据

序号	水点性质	取样位置	取样高程（m）	pH 值	氢稳定同位素含量 δD(‰)	氧稳定同位素含量 $δ^{18}O$(‰)	补给高程（m）
1	尼洋河	布久乡	2 935	6.94	−106.8	−14.99	3 757
2	雅鲁藏布江	米林	2 961	7.18	−107.9	−14.89	3 801
3	雅鲁藏布江	卧龙	2 988	7.78	−125.9	−16.88	4 521
4	雅鲁藏布江	朗县	3 080	7.39	−129.7	−17.23	4 673
5	雅鲁藏布江	加查	3 800	7.53	−134.7	−17.57	4 873
6	雅鲁藏布江	桑日	3 541	8.23	−129.4	−17.75	4 661
7	雅鲁藏布江	乃东	3 547	7.95	−131.6	−17.75	4 749
8	雅鲁藏布江	扎囊	3 563	7.93	−132.4	−17.72	4 781
9	雅鲁藏布江	贡嘎	3 583	7.93	−142.8	−18.95	5 197
10	拉萨河	拉萨河	3 622	7.78	−124.3	−17.06	4 457
11	沟水	布久乡	2 962	7.03	−83.9	−12.39	2 841
12	沟水	甲日卡	2 946	7.31	−82.5	−12.11	2 785
13	沟水	宏伟林检站	2 953	7.89	−90.8	−12.63	3 117
14	沟水	岗嘎大桥	2 942	7.19	−84	−12.1	2 845
15	沟水	晓丁村	2 952	7.03	−83.2	−12.01	2 813
16	沟水	西绕登	2 969	7.06	−93.2	−13.18	3 213
17	沟水	石母村	2 962	7.01	−91.5	−12.97	3 145
18	沟水	堆米村	3 046	7.2	−104.3	−14.18	3 657
19	沟水	姑拉沟	3 000	7.15	−99.4	−13.73	3 461
20	沟水	东风公社	2 966	7.13	−104.2	−14.27	3 653
21	沟水	前进乡	3 000	7.02	−103.6	−14.18	3 629
22	沟水	甲格沟	3 021	7.11	−103.4	−14.1	3 621

续上表

序号	水点性质	取样位置	取样高程（m）	pH 值	氢稳定同位素含量 δD(‰)	氧稳定同位素含量 δ¹⁸O(‰)	补给高程（m）
23	沟水	洞嘎镇	3 160	7.46	−121.5	−16.35	4 345
24	沟水	江堆塘	3 087	7.38	−108.1	−14.73	3 809
25	沟水	堆巴塘	3 114	7.34	−115.4	−15.66	4 101
26	沟水	巴珠村	3 195	7.39	−112.2	−15.38	3 973
27	沟水	二十六道班	3 122	8.08	−126.2	−16.31	4 533
28	沟水	仲达镇	3 120	7.91	−116.8	−15.88	4 157
29	沟水	嘎玉村	3 342	7.83	−121	−16.39	4 325
30	沟水	丝波绒	3 297	7.71	−117.5	−15.99	4 185
31	沟水	晒嘎曲	3 289	7.62	−117.9	−16.17	4 201
32	沟水	桑日县拉隆	3 581	7.68	−138.5	−18.33	5 025
33	沟水	沃卡村	3 899	7.8	−129.5	−17.22	4 665
34	沟水	丁拉村	3 865	7.97	−131.4	−17.84	4 741
35	沟水	卡多村	3 599	7.64	−137	−18.09	4 965
36	沟水	扎囊县城	3 578	7.73	−138.2	−18.27	5 013
37	沟水	江雄水库	3 816	8.16	−138.1	−18.24	5 009
38	沟水	茶巴朗处	3 607	8.05	−134.4	−17.63	4 861
39	沟水	达孜区	3 705	8.06	−132.3	−18.05	4 777
40	沟水	日多村	4 373	7.86	−122.2	−16.76	4 373
41	泉水	甲日卡	2 977	7.09	−90.1	−12.88	3 089
42	泉水	立地村	3 000	7.08	−89.3	−12.73	3 057
43	泉水	洞嘎镇	3 182	8.28	−118.5	−15.99	4 225
44	泉水	巴珠村		7.51	−106.3	−14.69	3 737
45	泉水	堆巴塘沟对面	3 077	7.08	−118.6	−13.66	4 229
46	泉水	朗县检查站	3 168	8.08	−132.1	−16.68	4 769
47	泉水	路村饮用水	3 135	8.07	−127.2	−16.34	4 573
48	温泉	沃卡1号	3 904	8.36	−153.2	−19.98	5 613
49	温泉	沃卡3号	3 926	8.55	−157.2	−20.22	5 773
50	温泉	沃卡村4号	3 885	8.31	−150.8	−19.58	5 517
51	泉水	自来水厂水源	3 717	8.12	−141.5	−18.93	5 145
52	泉水	门中村	3 636	7.88	−131	−17.25	4 725
53	泉水	扎西多	3 679	8.02	−146.7	−18.81	5 353

续上表

序号	水点性质	取样位置	取样高程(m)	pH 值	氢稳定同位素含量 δD(‰)	氧稳定同位素含量 δ^{18}O(‰)	补给高程(m)
54	泉水	恰玛村	3 743	8.39	−147.5	−18.57	5 385
55	泉水	扎囊县久村	3 562	8.24	−146.6	−18.86	5 349
56	泉水	挖章四村	3 763	8.43	−147.1	−18.7	5 369
57	泉水	春巴拱村	3 681	8.19	−143.7	−18.28	5 233
58	泉水	岗堆乡	3 592	8.18	−139.4	−18.08	5 061
59	泉水	东嘎镇	3 775	7.83	−135.6	−18.11	4 909
60	温泉	多日3号	4 380	7.38	−154.3	−20.13	5 657

1. 水样氢氧同位素拟合曲线与当地大气降水曲线对比分析

按平衡理论，HDO 与 H$_2^{18}$O 在气相中的贫化程度与其各自相应的饱和蒸汽压成正比。即气相中 D 的贫化程度是 ^{18}O 的 8 倍，所以大气降水中 δD 与 δ^{18}O 的比约为 8∶1，即大气降水曲线中的斜率。氘盈余它既反映了海水蒸发形成云气团时的热力条件和水汽平衡条件，同时又反映降水形成时的地理环境和气候条件。当海水蒸发进行很快时，蒸发速度大于凝结速度，水汽之间处于不平衡状态，整个蒸发过程可分为动力蒸发和同位素交换两个方面，受水分子扩散速度的控制，这样就出现了蒸发相中 ^{18}O 相对 D 的贫化。

通过取样拟合曲线，并收集全球降水同位素监测网(GNIP)中拉萨站的资料拟合曲线及前人研究资料进行对比，各曲线的斜率都非常接近，但是氘盈余值出现了较大的差异，见表 8.9。引起这种变化的主要原因可能有：

(1)采样时间主要集中在夏季，夏季控制研究区降雨条件主要是来自印度洋暖湿气流，其 δ 值高于全年的平均值。

(2)在降雨下降过程中与地表蒸发汽团的交换作用和降水蒸发作用，使得降水中的氘盈余值升高。

表 8.9 各类曲线对比关系

曲线类型	拟合方程
Craig 全球大气降水曲线(1961 年)	δD=8δ^{18}O+10
全国大气降水曲线(郑淑惠,1980 年)	δD=7.9δ^{18}O+8.2
西南地区大气降水曲线	δD=7.96δ^{18}O+9.52
拉萨地区大气降水曲线(1986~1992 年)	δD=8.08δ^{18}O+12.4
采样氢氧稳定同位素相关曲线	δD=8.75δ^{18}O+20.9

2. 天然水同位素组分特征

图 8.13 中的直线为利用 GNIP 数据拟合中国拉萨地区降水线方程。由图可见研究区天然水的同位素落在降水曲线附近,表明区域内各类水皆来源于大气降水。从图中各点分布情况来看具有其一定的规律性,主要受到大陆效应和高程效应的控制,现对其规律的控制因素进行分析:

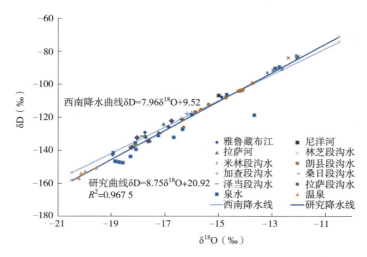

图 8.13 西南降水曲线及采样氢氧同位素相关关系图

1)大陆效应

研究区内夏季主要降雨的形成来源于印度洋水汽团的输送,水汽沿雅鲁藏布江河谷由东向西输送,在此过程中随着地形的变化,不断地形成降雨,重同位素不断从汽团中移出,越是沿着河谷到达高原的内部,汽团中的重同位素越贫化,这种现象即大陆效应。

由图 8.14 中可以看出 $\delta^{18}O$ 与经度相关性极高,即随着经度的增加,越接近水汽团的来源,降水中 $\delta^{18}O$ 也越高。地表水的 $\delta^{18}O$ 变化基本呈线性相关,但图中的泉点分布却偏离这类线性相关,其中最为特殊的为温泉水点所表现出来的特征,与其他水点的趋势偏离较大。因为温泉一般为远源补给,水样的采集主要是在排泄区,其补给水源的高程是其性质的控制因素,即相对地表水,温泉氢氧同位素特征主要受高程效应的控制。

2)高度效应

在区域内随着地形的起伏,当水蒸气从地面升起发生绝热冷凝时都会出现地形降水。当海拔高度较高时,平均气温较低,降水中的同位素减少,称为高度效应。区域天然水采样高程与 δD 关系如图 8.15 所示,对 $\delta^{18}O$ 来说,高度每升高 100 m,减少量为 $-0.5‰\sim-0.15‰$,δD 的变化为 $-4‰\sim-1‰$。同位素的高度效应在数值上用"同位素梯度"来表示,实际上,同位素高度效应是同位素温度效应或气温高度效应的反映,对某一地区来说,同位素高度梯度是同位素气温变化率和气温高度梯度的函数。

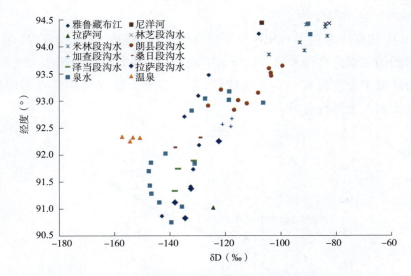

图 8.14 区域天然水采样经度与 δD 关系图

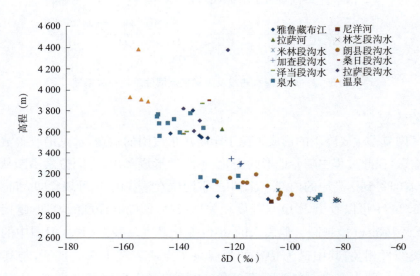

图 8.15 区域天然水采样高程与 δD 关系图

根据水的同位素具有高程效应这一特征,利用水同位素值可以计算研究区其他水体的补给高程。

δD 的梯度值的确定:计算补给高程参考中国西南地区 δD 随高程的变化值,即高程每增加 100 m,降水的 δD 值降低 −2.6‰作为 δD 的梯度值。

起点高程值的确定:一般来说,计算一个地区地下水的补给高程,可以用取样点(区域)大气降水 δD 值来计算,但是一个地区大气降水中氢氧同位素组成特征会受到水汽来源、降雨量和温度等因素的影响。在西藏地区夏季受印度洋季风及降雨效应的影响,炎热夏季雨水的 δ 偏低,而春季的 δ 值偏高。

计算研究区内各水样的补给高程,如选取当地大气降水δ值进行计算,会使计算结果比实际值差异较大,因为地下水和其他地表水体均是一年或多年的降水的混合产物。因此以研究区确定高程的支沟水系同位素来计算该区其他水体的补给高程更为合理。

计算以墨竹工卡县日多乡墨竹曲沟水的 $\delta D=-122.2‰$ 和对应高程 4 373 m 的值为参考,采用下式分别计算各采样点水的补给高程(计算结果见表8.8):

$$Z=\frac{Z_0+(D-D_0)}{\mathrm{grad}D}$$

式中　Z——地下热水的补给高程(m);

Z_0——地表水高程(m);

D——地热水的 $\delta D‰$;

D_0——地表水的 $\delta D‰$;

$\mathrm{grad}D$——δD 高程梯度(我国西南地区 δD 的梯度为 $-2.5‰/100$ m)。

9 拉萨—林芝段地下热水成因

9.1 沃卡温泉成因分析

桑日沃卡温泉位于桑日县沃卡乡,地理坐标范围为 29°22′57″~29°23′50″N,92°18′54″~92°19′28″E,高程为 3 904~3 926 m。共调查 4 个温泉露头,泉水出露于花岗岩裂隙,泉点位置如图 9.1 所示。2010 年 8 月 4 日测量,调查的 1 号泉露头位于沃卡村边一桥南侧小河右岸,温度为 51.0 ℃,电导为 748 μS/cm,流量为 0.85 L/s,未监测到有害气体。2 号泉群位于沃卡村以北 0.35 km 的小河右岸,温度为 48.1 ℃,电导为 728 μS/cm,流量为 0.40 L/s。3 号泉群出露于沃卡村北部 2 km,红外测温 68.2 ℃,电导为 748 μS/cm,流量为 5~10 L/s,见有气泡溢出,现场监测到 SO_2 含量为 1×10^{-5} mg/L。4 号泉位于德里母曲与其右侧支流汇合处下游 100 m 处,地理坐标为 29°22′23″N,92°18′39″E,高程为 3 885 m;泉水出露于花岗岩裂隙,温度为 35.8 ℃,电导为 478 μS/cm,流量为 7~8 L/s。

9.1.1 区域地质概况

沃卡盆地位于桑日县东部,该区呈北东向—近南北向延伸的雪山清楚地围限出该盆地的轮廓。该地堑北端至金珠乡一带,南端终止于罗布沙铬铁矿南侧附近,全长约 50 km,大致以沃卡东侧的德里母曲为界,其南北两侧的盆地形态明显不同。其北半部分宽 15~18 km,呈近南北走向,盆地底部海拔为 4 000~4 600 m。而在沃卡以南该地堑走向转为北东 40°方向,宽度明显收敛变窄,由沃卡附近宽约 11 km,至藏嘎—罗布沙一带转变为 3~5 km,谷底海拔为 3 600~4 000 m。

在该盆地东、西两侧的山地中,出露隶属于冈底斯岩基带的始新世的二长花岗岩、晚白垩世的英云闪长岩和花岗闪长岩为主,局部分布晚白垩世的石英砂岩和火山沉积岩系。从区域上看,沃卡地堑在南北两端分别被倾向南的第三纪逆冲断裂带,即泽当—仁布断裂带和总体倾向北的墨竹工卡—工布江达逆冲褶皱带中的分支断裂,即雪拉—日多—帕洛断裂所限制,但横切了两构造带之间近东西走向的沃卡韧性剪切带、玉帮子—坝乡断裂及相关的褶皱带。该地区温泉的出露位置基本在沃卡地堑东、西边界断裂与上述近东西向断裂交界处。该地堑对区域内第四纪堆积物分布的控制作用及其与早期近东西向构造带的关系表明,它属于该区最近一次构造变形的产物。由于区域上近东西向构造活动所卷入的最新地层是形成于第三纪中晚期的罗布莎群和乌郁群,因此,沃卡地堑最早可能出现于第三纪的晚期或末期(中新世晚期或上新世)以来。沃卡断陷盆地断层统计见表 9.1,断层分布如图 9.2 所示。

图 9.1　泉点位置出露图

9.1.2　区域水文地质条件

区内地下水按空隙介质特征可分为松散堆积层含水岩组和岩浆岩含水岩组。其中,松散岩类孔隙水主要赋存于断陷盆地内增久曲河漫滩,为孔隙潜水;岩浆岩类基岩裂隙水主要赋存于该区出露的花岗岩类、闪长岩类中,以风化带网状裂隙水和构造裂隙水为主,富水中等至贫乏。该盆地紧邻雅鲁藏布江,盆地两侧山体海拔为 5 000~6 000 m,呈北东向延伸的沃卡盆地为排泄区。

9.1.3　水文地球化学特征

为研究沃卡温泉成因,采集沃卡温泉水样 4 组,在附近区域内采集冷泉水 1 组,溪水样 6 组。将上述 11 组进行水化学组分检测,检测结果对比见表 9.2。沃卡盆地地貌及温泉出露点如图 9.3 所示,沃卡温泉剖面如图 9.4 所示,沃卡温泉水文地质如图 9.5 所示。

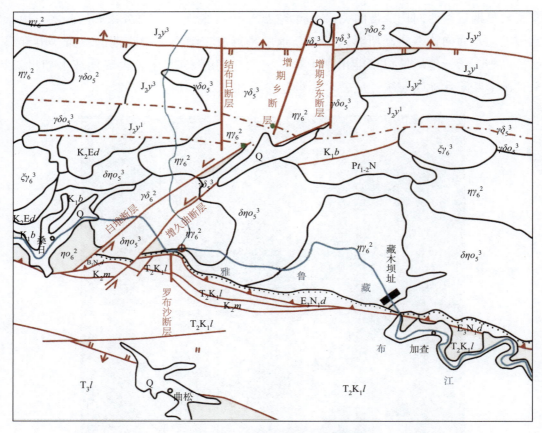

图 9.2 沃卡断陷盆地断层分布图

表 9.1 沃卡断陷盆地断层统计

断层名称	断层产状	性质	长度（km）	宽度（m）	特　征
增期乡断层	N75°～80°E/NW∠79°～82°	平移断层	17.5	2～7	断层面呈舒缓波状，带内岩石破碎，强弱分带，发育平行断层面构造透镜体、劈理、构造角砾岩；擦痕示上盘位移
结布日断层	近 SN 垂直	平移断层	17.5		断层带内岩石破碎，强弱分带，发育平行断层面构造透镜体、劈理、构造角砾岩
增期乡东断层	近 SN 垂直	平移断层	15.7		断层带内岩石破碎，强弱分带，发育平行断层面构造透镜体、劈理、构造角砾岩
罗布沙断层	近 SN/E∠56°	平移断层	5.4	4	断面呈波状起伏，带中岩石破碎，强弱分带，发育平行断层面的破劈理、构造透镜体，擦痕示水平位移
白堆断层	N40°～60°E/NW∠70°～74°	平移断层	>19.5	40	断层面呈舒缓波状，带内岩石破碎，强弱分带，发育平行断层面构造透镜体、构造角砾岩；擦痕示上盘上冲
增久曲断层	N25°～30°W/NE∠56°～80°	平移断层	30	1～10	断面呈波状起伏，带中岩石破碎，强弱分带，发育平行断层面的破劈理、构造透镜体，擦痕示上盘上升，并叠加水平剪切，断面旁侧发育揉皱

表 9.2 沃卡盆地水样水化学成分

编号	水点性质	高程 (m)	pH 值	电导 (μS/cm)	阳离子含量(mg/L)				阴离子含量(mg/L)			Ca^{2+} 矿化度 (mg/L)	水化学类型
					K^+	Na^+	Ca^{2+}	Mg^{2+}	Cl^-	SO_4^{2-}	HCO_3^-		
1	温泉	3 904	8.36	748	1.91	115	9.08	0.06	52.3	123	68.2	335.1	$Cl·SO_4$—Na
2	温泉	3 920	8.46	728	2.14	123	9.34	0.78	55.7	137	77.3	366.6	$Cl·SO_4$—Na
3	温泉	3 926	8.55	748	2.13	124	6.49	0.02	45.6	128	87.6	350.3	$SO_4·HCO_3$—Na
4	温泉	3 885	8.31	478	1.65	75.4	15.8	0.88	33.3	73.7	97.3	249.3	$SO_4·HCO_3$—Na
5	泉水	3 717	8.12	71	1.14	2.1	9.43	1.35	1.47	3.53	34.6	36.3	HCO_3—Ca
6	沟水	3 581	7.68	135	1.21	4.35	24.9	2.7	1.47	3.24	91.5	83.4	HCO_3—Ca
7	沟水	3 899	7.8	97	1.01	4.97	15	1.78	2.62	3.24	59.7	58.5	HCO_3—Ca
8	沟水	3 927	7.84	84	0.99	2.37	14.2	1.87	2.12	3.06	48.7	49	HCO_3—Ca
9	沟水	3 887	7.9	167	1.13	1.35	31.4	2.6	2.61	20.9	76.5	98.3	$SO_4·HCO_3$—Ca
10	沟水	3 731	7.82	94	1.48	2.75	15.3	1.76	4.57	3.82	51	55.2	HCO_3—Ca
11	沟水	3 657	8.68	192	1.52	12.8	18.8	2.51	4.08	16.2	63.7	87.8	HCO_3—Na·Ca

(a) 沃卡盆地

(b) 桑日县沃卡温泉第一泉泉出露处

(c) 桑日县沃卡温泉第二泉泉出露处

(d) 桑日县沃卡温泉第三泉泉出露处

图 9.3 沃卡盆地地貌及温泉出露点

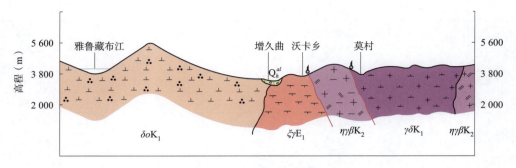

图 9.4 沃卡温泉剖面图

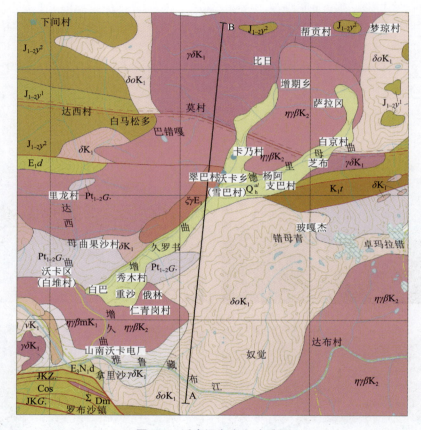

图 9.5 沃卡温泉水文地质图

根据检测结果中主要阴离子和阳离子的组分、含量和比例,按照舒卡列夫地下水化学分类方法,冷泉水和溪水水化学类型主要为 HCO_3—Ca 型,而沃卡温泉 4 组水样水化学类型由于浅部冷水的干扰水化学类型复杂,有 $Cl·SO_4$—Na 和 $HCO_3·SO_4$—Na,$SO_4·HCO_3$—Na 型水,如图 9.6 和图 9.7 所示。

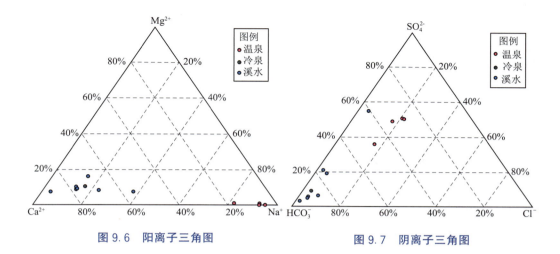

图 9.6 阳离子三角图　　　　　　　　　　图 9.7 阴离子三角图

冷水与热水之间的水化学组分差异较大,除 K^+ 与 HCO_3^- 外,热水的各离子含量均比冷水含量高出 1～100 倍。冷泉水与沟水的主要阳离子成分为 Ca^{2+},地下热水的主要阳离子为 Na^+,7 号水样的 Na^+ 离子含量较其他溪水样高,该水样采集点正好位于沃卡温泉群下游,富含 Na^+ 离子地下热水的混入对其产生了影响。冷泉水与沟水的主要阴离子成分为 HCO_3^-,地热水中的 SO_4^{2-} 与 Cl^- 含量增加,可能有更深部循环的矿化度较高的水混入。为研究热水中水化学组分来源,及热水循环的水文地球化学过程,将 4 组温泉水样中的各项离子进行相关性分析,见表 9.3。

表 9.3　各离子间相关系数分析

项目	Na^+	Ca^{2+}	Mg^{2+}	Cl^-	SO_4^{2-}	HCO_3^-	TDS
Na^+	1	−0.961	−0.589	0.866	0.988	−0.659	0.988
Ca^{2+}		1	0.763	−0.722	−0.91	0.563	−0.908
Mg^{2+}			1	−0.335	−0.493	0.468	−0.47
Cl^-				1	0.928	−0.885	0.914
SO_4^{2-}					1	−0.72	0.999
HCO_3^-						1	−0.684
TDS							1

从表中可以看出,Cl^-,Na^+,SO_4^{2-} 为与 TDS 正向相关度极高,而 Ca^{2+},HCO_3^- 与 TDS 呈极高的负向相关;离子之间 Na^+ 与 Cl^- 和 SO_4^{2-} 呈极高的相关性,这三种离子可能为同源物质,Ca^{2+} 与 HCO_3^- 相关性较高,当地浅表水矿化度比热水低,且主要离子成分为 Ca^{2+} 与 HCO_3^-。由此分析可知地下深循环热水的主要离子成分为 Na^+ 和 SO_4^{2-} 离子,热水中的 Ca^{2+} 与 HCO_3^- 主要来源为地表冷水,而随着浅部冷水的不同比例的混入造成 4 组水样中离子含量的不同。

对沃卡地区的温泉点和地表水以常量组分进行聚类分析,分类十分明显,温泉水与地表水有较大差异,且4个温泉点之间的差距较小,相关性极强,可推测为同一水源及在同一地质环境下形成的。

9.1.4 成因分析

沃卡温泉的成因主要涉及两方面,一是水源,二是热源。利用氢氧稳定同位素的方法,确定温泉水的补给来源,计算沃卡温泉泉群的补给高程,结合当地地形地貌,推断温泉水的补给区域;结合区域地质背景及上述分析的水化学与同位素特征对温泉的热源进行分析。

1. 水源分析

根据测试资料,将沃卡温泉氢氧同位素组成投影到西南大气降水曲线上,两者紧靠在西南降水线附近,充分说明热水为大气降水补给。氧同位素^{18}O略微有偏移漂移,说明降水渗入地下后与围岩有氧同位素交换,这种氧同位素漂移表明热水的补给区到排泄区有一定距离,地热水在含水层中停留了一定时间。

2. 热源分析

沃卡温泉出露点的地热场背景较周围区域较高。较高的热流值一方面与沃卡地堑构造形态及断裂构造的高导热性能有关;另一方面,地热水的上涌携带出的热量亦可强化局部热异常,而与温泉水的温度高低无直接关系。温泉出露点的位置是近南北向增期乡断层与东西向沃卡韧性剪切带交汇形成的构造破碎带,断层构造的发育与组合对与该温泉的形成与出露具有主导性控制作用。

沃卡盆地的花岗岩分布比较广泛,据前人研究此类温泉形成的热源与岩浆余热有关。沃卡盆地位于雅鲁藏布江缝合带北缘,是一隆起区发育的小型断陷盆地。虽然在不同的地质历史时期曾发生过多期岩浆活动,但岩浆余热能否成为温泉的热源,主要取决于岩浆岩的时代和规模。根据Smith等对侵入岩体规模、冷凝时间与地热远景关系的研究,1 Ma前形成的岩浆体,当其体积大于1×10^4 km^{3}时,其残余热油可能形成活动的或休眠的高温地热系统;10 Ma前形成的岩浆岩体,只有当体积大于1×10^6 km^{3}时,其残余热才可能导致活动或休眠的地热系统,这种情况极为少见;100 Ma前的岩浆体,则几乎无法形成任何高温地热系统。沃卡盆地出露的岩浆岩主要为古新世(E_1)以前,即60 Ma年以前,其岩浆余热已散失殆尽,不可能成为温泉形成的热源。

通过上述分析,认为沃卡盆地出露温泉的形成是由大气降水与地表第四系潜水沿断裂破碎带深循环过程中,在正常地温梯度下吸收地球内热形成热水,地下水循环上升,同时加温出露处上层地下水,一起涌向地面,在沃卡盆地边界断层处出露。在这些地方出露形成温泉,还受补给区与排泄区之间的水动力条件的影响。另外,盆地内岩浆岩主要为花岗岩,其所含放射性元素蜕变释放的热会提供部分热能,但对温泉热量贡献不大。由于地表水和浅层地下水的混入,温泉水的化学成分被改造、水化学类型变得复杂、矿化度变化较大,但仍能显示温泉水温与其矿化度呈正相关的基本规律。

3. 循环深度计算

温泉水的出口温度主要取决于地下水的循环深度。根据地壳表层地温观测资料,从外向内大致分为变温带、恒温带和增温带。根据深循环—地热增温形成温泉的机理,结合地温分带背景资料,通过以下方法对地下水的循环深度进行估算。

方法1:

$$H = K(T_r - T_0)$$

式中　H——地下水循环深度(m);

　　　K——地温梯度(m/℃);

　　　T_r——深度热储温度(℃);

　　　T_0——年平均气温(℃)。

方法2:

$$H = K(T_r - T_0) + h$$

式中　h——常温层厚度(m)。

方法1和方法2是常规方法,热水温度随循环深度增大线性上升。方法2考虑了常温层的厚度。

方法3:

汪集暘等(1993)在介绍中低温对流型地热系统的物理模式中提到圆管模型,描述深循环对流型地热系统中热量和质量的传递过程,该模型也可用于计算热水循环深度,公式为

$$\frac{T_s - T_0}{T_r - T_0} = \frac{2MC}{\pi \lambda H}\left[1 - \exp\left(-\frac{\pi \lambda H}{2M}\right)\right]$$

$$K = \lambda q$$

式中　T_s——温泉出露温度(℃);

　　　C——比热容(J/kg·℃);

　　　M——温泉流量(L/s);

　　　q——大地热流值取区内平均值 90 mW/m²;

　　　λ——岩石热导率,花岗岩为 2.5~3.8 W/(m·K),取 3 W/(m·K)。

根据循环深度计算结果(表9.4),方法1和方法2估算的循环深度为3 050~3 200 m,4个泉点的循环深度相近,结合4个温泉的同位素特征为同源和相近的循环条件提供了佐证;方法3的计算结果波动较大,因为其基本原理遵循质量与能量守恒,当泉水量变化较大时,所需热量也较大,循环深度的计算结果差异也较大。

表 9.4 循环深度计算结果

编号	名称	水温(℃)	流量(L/s)	气温(℃)	热储(℃)	地温梯度 K (m/℃)	循环深度(m)			
							方法1	方法2	方法3	平均值
1	沃卡1号	51	0.85	8.2	100.46	33	3 044.52	3 074.52	3 184	3 101.01
2	沃卡2号	48.1	0.4	8.2	102.77	33	3 120.84	3 150.84	850	2 737.45
3	沃卡3号	68.2	8	8.2	104.61	33	3 181.58	3 211.58	>5 000	—
4	沃卡4号	35.8	8	8.2	101.99	33	3 095.15	3 125.15	>5 000	—

9.2 日多温泉成因分析

日多温泉主要出露区位于日多乡日多村东,墨竹曲(右)岸边,日多贡巴以西约 500 m,如图 9.8 所示。采样地理坐标范围为 29°41′42″~43″N,92°14′28″~32″E,海拔为 4 371~4 380 m。温泉区大致呈长方形沿墨竹曲两岸展布,长约 800 m,宽约 350 m,面积为 0.3 km²。据访问有关人员,区内泉眼不完全统计有 200 多处,实测温度为 69.2~74.7 ℃,温泉出露及典型泉如图 9.8~图 9.10 所示。

图 9.8 日多温泉出露区远景

9 拉萨—林芝段地下热水成因

图 9.9 日多 1 号沸泉

图 9.10 日多 3 号沸泉

区内一带河流为墨竹曲及其支流玛纳普,两河流均为常年性河流,地表水具有汛期洪水涨落快、持续时间短;枯水期径流田间均匀、持续时间长的特点。墨竹曲发源于米拉山南麓,在场地南侧与玛纳普汇合后由东向西自日多温泉地质公园中部通过,枯水期流量为 10 m³/s,洪水期最大流量约 80 m³/s,向墨竹工卡西约 50 km 在工卡镇附近汇入拉萨河内。场地北侧较大型冲沟内有季节性地表水流。

9.2.1 区域地质概况

日多温泉区地处冈瓦纳大陆北缘、冈底斯—念青唐古拉板片中段的南部边缘地带,区域上位于雅鲁藏布江缝合带北盘,为强烈的挤压碰撞造山带。

温泉出露区及邻区发育的构造形迹有日多断裂、帕古巴断裂、米拉山口逆掩断裂、夏马日断裂、军母多—雪拉断裂、错弄朗向斜、穷公果拉—错母松北背斜、弄如日—错母松南向斜,日多温泉邻区地质构造如图 9.11 所示。日多温泉地质公园一带出露的构造主要为日多断裂和帕古巴断裂。

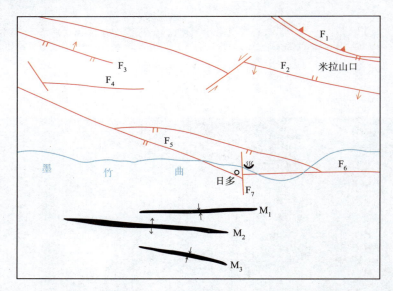

F_1—米拉山口逆掩断裂;F_2—夏玛日断裂;F_3—错那日断裂;F_4—哈木拉断裂;
F_5—日多断裂;F_6—军母多—雪拉断裂;F_7—错弄朗向斜;M_1—帕古巴断裂;
M_2—穷公果拉—错母松北背斜;M_3—弄如日—错母松南向斜;♨—温泉。

图 9.11 日多温泉邻区地质构造图

日多断裂基本上沿墨竹曲展布,并在东西两侧延伸出区外。断裂北西西向延伸,长 22 km,为逆断层,断面倾向北东,倾角为 50°～60°,断裂破碎带宽为 50～60 m。地貌上沿断层为一系列的哑口、沟谷等负地形。沿断裂在日多东 500 m 处发育的日多热区,温泉群沿断裂线状泄出,在与玛纳普沟口的南北向帕古巴断裂交汇处温泉出露更密集,泉水温度一般为 71~84 ℃。

帕古巴断裂走向为南北,倾角 85°,南北向延伸大于 3 km,为张韧性断裂。该断裂为研究区的主要活动构造带,在构造运动的强烈作用下,断裂带内破碎带发育宽且松散,带内裂隙十分发育,是深部地热流体的储集及运移通道。帕古巴断裂与日多断裂交汇处为日多地热的主要显示区。

新构造运动还表现在温泉的发育上,因温泉是被地下热源加热的深部地下水,活动断裂是其上涌之通道,因此温泉出露规律反映了活动断裂活动规律与新构造运动的特点。受差异性隆升的影响,泉口有向低处迁移的现象。

区内地壳运动主要表现为大面积整体间歇性掀斜抬升、垂直差异性升降运动及水平运动。其证据主要表现在夷平面、阶地、温泉等方面。如评估区附近发育有三级夷平面,墨竹曲河谷内发育有高度不同的三级内迭阶地,这些均表明喜马拉雅期区内发生过三次大幅度的间歇性整体性隆升及三次小规模的升降运动,从区域内上升高度的差异性可以看出升降运动有由南向北掀斜抬升的特点。受此影响,区内温泉泉口有向低处迁移的现象。

9.2.2 区域水文地质条件

区域内地表水水化学类型为 HCO_3—Ca 型,在居民聚集处出现 SO_4—HCO_3 过渡型水,温泉水以 $Cl·SO_4·HCO_3$—Na 为主。地表水矿化度一般低于 100 mg/L,温泉水矿化度在 1 000 mg/L 左右。

地下水类型按径流途径的长短可分为浅层地下水和深层地下水两种类型。

场地内浅层地下水类型包括松散岩类孔隙潜水和基岩裂隙水。前者主要分布于河床两侧第四系漂卵石层中,该土层空隙度大,透水性强,地下水的赋水性好;后者主要分布于两基岩山体内,含水层为安山岩、英安岩、板岩、粉砂岩、石英砂岩等,赋水性相对较差,其中安山岩、英安岩中节理裂隙较为发育,其赋水性要好于板岩、粉砂岩地层。深层地下水以大气降水入渗补给为主,大部分向墨竹曲侧渗排泄,小部分在山脚以下以降泉形式排泄。

9.2.3 水文地球化学特征

调查在全区共采集水样 8 件,其中地表水样 3 件,温泉水样 5 件,均做水样简分析测试,见表 9.5。其中,1 件温泉水做水样全分析及氢氧稳定同位素测试。按照舒卡列夫地下水化学分类方法,地表水水化学类型主要为 HCO_3—Ca 型,而日多温泉 5 组水样水化学类型以 $Cl·SO_4·HCO_3$—Na 水为主。日多温泉区水文地质如图 9.12 所示。

表 9.5 日多温泉区采集水样统计表

编号	水点性质	取样位置	取样高程(m)	电导(μS/cm)	pH值	阳离子含量(mg/L)			
						K^+	Na^+	Ca^{2+}	Mg^{2+}
1	沟水	日多村	4 373	54	7.86	0.17	0.73	13.78	3.918
2	沟水	墨竹曲上游	4 377	45	7.75	0.61	3.88	12.33	2.275
3	沟水	墨竹曲下游	4 277	45	7.77	0.9	1.05	13.08	2.262
4	温泉	日多1号	4 371	1 109	7.36	23.81	294.44	70	3.421
5	温泉	日多2号	4 374	1 260	7.37	24.01	296.66	68.03	3.537
6	温泉	日多3号	4 380	1 031	7.38	24.23	296.88	68.6	3.665
7	温泉	日多4号	4 377	1 073	7.37	23.44	292.88	64.37	3.563
8	温泉	日多5号	4 376	1 099	7.38	23.03	286.28	64.05	3.165

编号	水点性质	取样位置	阴离子含量(mg/L)			矿化度(mg/L)	水化学类型
			Cl^-	SO_4^{2-}	HCO_3^-		
1	沟水	日多村	3.1	20	30.6	57.0	$SO_4 \cdot HCO_3$—$Mg \cdot Ca$
2	沟水	墨竹曲上游	1.31	6.47	48.8	51.3	HCO_3—Ca
3	沟水	墨竹曲下游	2.45	10.3	37.6	48.8	HCO_3—Ca
4	温泉	日多1号	180	256	426	1 040.7	$Cl \cdot SO_4 \cdot HCO_3$—$Na$
5	温泉	日多2号	185	243	439	1 039.7	$Cl \cdot SO_4 \cdot HCO_3$—$Na$
6	温泉	日多3号	184	241	445	1 040.9	$Cl \cdot SO_4 \cdot HCO_3$—$Na$
7	温泉	日多4号	184	223	432	1 007.3	$Cl \cdot SO_4 \cdot HCO_3$—$Na$
8	温泉	日多5号	179	227	428	996.5	$Cl \cdot SO_4 \cdot HCO_3$—$Na$

冷水与热水之间的水化学组分差异较大,除 Mg^{2+} 含量差异较小外,热水的各离子含量均比冷水含量高出 10~300 倍。地表水的主要离子成分为 HCO_3^- 和 Ca^{2+},温泉水的主要离子成分为 Cl^-、SO_4^{2-}、HCO_3^- 和 Na^+。可推测地表水中化学组分主要源自风化作用,而温泉水中 Cl^-、SO_4^{2-}、HCO_3^- 和 Na^+ 含量增加,可能有更深部循环的矿化度较高的水混入。为研究热水中水化学组分来源及热水循环的水文地球化学过程,区内天然水中的各项离子进行相关性分析见表 9.6。

从表 9.6 中可以看出,除 Mg^{2+} 外,其他离子与 TDS 正向相关度极高;离子之间 Na^+ 与 Cl^- 及 HCO_3^- 与 TDS 离子相关系数达到 1.0;Ca^{2+} 与 SO_4^{2-} 及 Cl^- 与 TDS 相关系数均达到 1.0;其余离子间相关性也极强。由此分析可知地表水与地下深循环热水的主要离子成分可能同源,热水随着浅部冷水的不同比例的混入造成温泉水中离子含量的明显差异,如图 9.13 和图 9.14 所示。

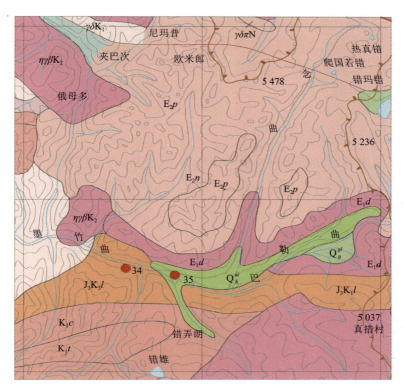

图 9.12 日多温泉区水文地质简图(单位:m)

表 9.6 日多温泉区采集水样相关性分析

项目	Na^+	Ca^{2+}	Mg^{2+}	Cl^-	SO_4^{2-}	HCO_3^-	TDS
Na^+	1	0.998	0.539	1.0	0.996	1.0	1.0
Ca^{2+}		1	0.553	0.997	1.0	0.997	0.999
Mg^{2+}			1	0.545	0.564	0.527	0.545
Cl^-				1	0.996	0.999	1.0
SO_4^{2-}					1	0.994	0.998
HCO_3^-						1	0.999
TDS							1

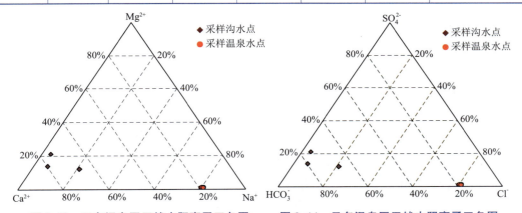

图 9.13 日多温泉区天然水阳离子三角图 　　图 9.14 日多温泉区天然水阴离子三角图

同样对日多地区的温泉点和地表水以常量组分进行聚类分析,温泉水与地表水有明显差异性,而各类型水之间相关性极好,尤其 4 个温泉点之间的差距较小,相关性极强,可推测为同一水源及在同一地质环境下形成的。

9.2.4 成因分析

1. 水源分析

场地内温泉水与活动断裂的关系十分密切,属补给、径流途径较长的深层地下水。温泉地下水主要接受安山岩、英安岩中地下水的补给,在沿断裂径流中受板岩、粉砂岩的阻隔而出露成泉。

2. 热源分析

日多温泉为新构造的产物,日多热区主要沿日多断裂在日多东 500 m 处发育,温泉群沿断裂线状泄出,在与南北向的帕古巴断裂交汇处温泉出露更密集。现断裂破碎带虽被残坡积物和洪积物覆盖,但根据泉眼的展布仍可看出断裂的延伸方向。热泉泉华堆积物除沿当前热泉溢出带分布外,在泉华台地的上部亦有堆积,表明热泉泉口有向下移动的趋势,这一现象与青藏高原的整体上升运动是相适应的。由于深部的安山岩、英安岩是重要的热源体,地下水在径流过程中被深部热源体加热,同时其水质也发生了变化。日多温泉出露规模在西藏虽不是最大,但其对青藏高原的整体隆升及新构造运动的反映却是比较典型的,这一点可作为区域地质历史深化阶段的重要地质证据。

3. 循环深度计算

同沃卡温泉成因分析,对日对温泉也采用 3 种方法进行循环深度的计算,计算结果见表 9.7。

表 9.7 日多温泉循环深度计算结果

编号	名称	水温(℃)	流量(L/s)	气温(℃)	热储(℃)	地温梯度 K (m/℃)	循环深度(m)			
							方法 1	方法 2	方法 3	平均值
1	日多 1 号	73.6	1.2	5.4	117.93	33	3 713.44	3 743.44	1 772.7	3 728.44
2	日多 2 号	73.8	0.2	5.4	118.06	33	3 717.64	3 747.64	297.24	3 732.64
3	日多 3 号	69.2	0.7	5.4	118.35	33	3 727.19	3 757.19	1 106.2	3 742.19
4	日多 4 号	73.3	0.8	5.4	117.69	33	3 705.68	3 735.68	1 180.5	3 720.68
5	日多 5 号	74.2	6.5	5.4	117.8	33	3 709.13	3 739.13	>5 000	3 724.13

根据循环深度计算结果,方法 1 和方法 2 估算的循环深度为 3 705～3 750 m,5 个泉点的循环深度相近,结合 5 个温泉的同位素特征为同源和相近的循环条件提供了佐证;方法 3 的计算结果波动较大,因为其基本原理遵循质量与能量守恒,当泉水量变化较大时,所需热量也较大,循环深度的计算结果差异也较大。因此,日多温泉循环深度采用方法 1 和方法 2 的平均值。

9.3 地下热源分析

在研究区特殊的地热地质条件背景下,对沃卡、日多及其周边温泉的热源进行分析,进而对穿越该区域隧道的热害评估也具有实际的工程意义。沃卡温泉具有如下特征:

(1)采集的沃卡温泉水样中矿化度在350 mg/L左右,日多温泉矿化度在1 000 mg/L左右,与本次收集的西藏温泉资料相比,矿化度是处于较低水平的。

(2)从水化学常量组分来看,阴离子首要组分为SO_4^{2-},而不是Cl^+,与西藏典型的高温地热系统及与岩浆有关的地热系统的离子组分不同。

(3)利用聚类分析表明,温泉水与地表水之间存在明显差异,但在沃卡、日多取样的温泉出露点水化学数据相关性极强,极可能为同一水源经历相同的地质环境,在遇到一系列阻隔而呈线性出露。

(4)从微量组分来看,西藏温泉温度指示具有典型特征的SiO_2含量均远低于确认与岩浆有关的温泉。根据SiO_2温标的计算,沃卡温泉属于中温对流地热系统。

(5)氢氧稳定同位素均落在拉萨大气降水线附近,且"氧漂移"现象不明显,温泉的水源为大气降水,且微弱的"氧漂移"表示沃卡及日多温泉在岩层停留时间较短,循环深度较浅的事实。

(6)沃卡盆地温泉、沃卡电站微温泉、罗布沙镇竹墨沙温泉及日多温泉在空间分布上基本呈南北向分布,但四者之间无论是水化学常量组分及微量组分都存在明显的差异,应分属于不同的水文地质单元。

通过上述分析,沃卡、日多温泉属于中低温地热系统,系统热源与岩浆无直接关系,各自为一个独立的水文地质单元。在区域高热流值背景下,大气降水沿北东向增期乡断层进行深循环,地下水循环上升,同时加温出露处上层地下水,一起涌向地面,在沃卡盆地边界断层处出露。在与东西向沃卡韧性剪切带相交处沿断层线性出露温泉泉群。日多温泉主要沿日多断裂在日多东500 m处发育,温泉群沿断裂线状泄出,在与南北向的帕古巴断裂交汇处温泉出露更密集,现断裂破碎带虽被残坡积物和洪积物覆盖,但根据泉眼的展布仍可看出断裂的延伸方向。

10 拉萨—林芝段热红外遥感解译

10.1 数据源分析

研究选用 Landsat ETM+影像数据。因其热红外通道空间分辨率为 60 m,在地表温度研究中明显优于 MODIS(Moderate-resolution Imaging Spectroradiometer)和 AVHRR(Advanced Very High Resolution Radiometer),适合进行地表温度和热空间分布的精确定量分析,特别是研究地热时所表现出来的热分布方式。

1)Landsat-7 卫星概述

1999 年发射了 Landsat-7 卫星,以保持地球图像、全球变化的长期连续监测。该卫星装备了一台增强型专题制图仪(Enhanced Thematic Mapper,ETM+),该设备增加一个分辨率为 15 m 的全色波段(PAN 波段),热红外通道的空间分辨率也提高一倍,达到 60 m。每景影像对应的实际地面尺寸约为 180 km×180 km,16 d 即可覆盖全球一次。

2)波段特性

为了更好地提取地热资源信息,首先要了解影像数据各个波段的光谱特征,ETM+数据各个波段的特征见表 10.1。

表 10.1 ETM+数据光谱通道特征

波段	波长范围 (μm)	光谱信息识别特征	地面分辨率
B1	0.45~0.52	属可见光蓝光波段,能反映岩石中铁离子叠加吸收谱带,为褐铁、铁帽特征识别谱带。但因受大气影响,图像质量相对较差	30 m
B2	0.52~0.60	属可见光绿光波段,对水体具一定穿透能力。可用于水下地形、环境污染、植被识别,但受大气影响,图像质量相对较差	30 m
B3	0.63~0.69	属看见光红光波段,对岩石地层、构造、植被等有较好显示	30 m
B4	0.76~0.60	属反射近红外波段,为植被叶绿素强反射谱带。反映植被种类、第四系含水率差异,适用于岩性分区、构造及隐伏地质体识别,地貌细节也显示较清楚	30 m
B5	1.55~1.75	属反射近红外波段,为水分子强吸收带,适用于调查地物含水率、植被类型、区分地质构造、隐伏断裂识别以及冰川识别等	30 m
B6	10.45~12.50	属远红外波段,也为地物热辐射波段,图像特征取决于地物表面温度及热红外发射率。可用于地热制图、热惯量制图、隐伏地质体及隐伏构造识别,但总体分辨率较差	60 m

续上表

波段	波长范围（μm）	光谱信息识别特征	地面分辨率
B7	2.08～2.35	属反射近红外波段。用于区分热液蚀变岩类、含油气信息识别、岩性和地质构造解译	30 m
Pan	0.52～0.90	属全色波段	15 m

地热研究仅选择 ETM6 单波段图像，空间分辨率为 60 m×60 m，其中 ETM6 波段波长为 10.45～12.5 μm，这一波谱区间处在发射红外波段（波长 3～18 μm），以热辐射为主，反射部分可以忽略不计。

10.2 热红外遥感的基础理论

10.2.1 温度反演的基础理论

所有的物质，只要其温度超过绝对零度，就会不断发射红外辐射。不同的地表物质，由于其表面形态、内部组成等的不同，其热惯量、热容量、热传导及热辐射一般也各不相同，其向外发射的热红外能量也存在差异。常温的地表物体发射的红外辐射主要在大于 3 μm 的中远红外区，又称热辐射。热辐射不仅与物质的表面状态有关，而且是物质内部组成和温度的函数。在大气传输过程中，热辐射能通过 3～5 μm 和 8～14 μm 两个波段长。热红外遥感就是利用星载或者机载传感器收集、记录地物的热红外信息，并利用这种热红外信息来识别地物和反演各类地表参数。

1. 基尔霍夫定律

在一定的温度下，任何物体的辐射出射度 $F_{\lambda,T}$ 与其吸收率 $A_{\lambda,T}$ 的比值是一个普适函数 $E(\lambda,T)$。$E(\lambda,T)$ 只是温度、波长的函数，与物体的性质无关，见式(10.1)。

$$E(\lambda,T)=\frac{F_{\lambda,T}}{A_{\lambda,T}} \tag{10.1}$$

这就是基尔霍夫定律。基尔霍夫定律表明：任何物体的辐射出射度 $F_{\lambda,T}$ 和其吸收率 $A_{\lambda,T}$ 之比都等于同一温度下的黑体的辐射出射度 $E(\lambda,T)$。

$E(\lambda,T)$ 与物体的性质无关，吸收率 $A_{\lambda,T}$ 越大，其发射能力就越强。黑体的吸收率 $A_{\lambda,T}=1$，其发射能力最大。通常把物体的辐射出射度与相同温度下黑体的辐射出射度的比值，称为物体的比辐射率，它表征物体的发射本领，见式(10.2)。

$$\varepsilon_{\lambda,T}=\frac{F_{\lambda,T}}{E(\lambda,T)} \tag{10.2}$$

可见 $\varepsilon_{\lambda,T}=A_{\lambda,T}$，即物体的比辐射率等于物体的吸收率。

2. 普朗克定律

绝对黑体的辐射光谱 $E(\lambda,T)$ 对于研究一切物体的辐射规律具有本质意义。1900 年普朗克引入量子概念，将辐射当作不连续的量子发射，成功地从理论上得出了与实验精确符合的绝对黑体辐射出射度随波长的分布函数，见式(10.3)。

$$E(\lambda, T) = \frac{2\pi c^2 h}{\lambda^5}(E^{\frac{ch}{k\lambda T}} - 1)^{-1} = \frac{c_1}{\lambda^5}(e^{\frac{c_2}{\lambda T}} - 1)^{-1} \tag{10.3}$$

式中　$E(\lambda, T)$——黑体辐射在特定波长 λ 和温度 T 下的辐射强度；

　　　　c——光速，为 $2.99793\times10^8 (m/s)$；

　　　　h——普朗克常量，为 $6.6262\times10^{-34} (J·s)$；

　　　　k——玻尔兹曼常数，为 $1.3806\times10^{-23} (J/K)$；

　　　　e——元电荷，为 $1.6\times10^{-19} (C)$。

$c_1 = 2\pi c^2 h = 3.7418\times10^{-16} (W·m^2)$。

$c_2 = \dfrac{hc}{k} = 14388 (\mu m·k)$。

10.2.2　相关的基本概念

1. 图像亮度

图像亮度在遥感图像中也叫 DN 亮度，记录地物的灰度值。灰度图像的每个像素都有一个 0~255 之间的亮度值。其中 0 为纯黑，表示完全没有亮度；255 代表纯白，表示光线最强。

2. 辐射亮度

辐射亮度可以描述有限大小的光源辐射通量的空间分布。光是可被人体视觉感受的电磁波，可用电磁波的物理量来描述，称为辐射量描述法。在遥感中，用探测器探测到的物体发出的辐射量的大小就是辐射亮度。

3. 亮度温度

亮度温度是衡量物体温度的一个指标，但不是物体的真实温度。所谓亮度温度是指辐射出与观测物体相等的辐射能量的黑体温度。由于自然界的物体不是完全的黑体，因而习惯上用一个具有比该物体真实温度低的等效黑体温度来表征物体的温度。TM 卫星影像的地表温度反演算法的基础数据是亮温，最常用到的是大气顶层的亮温，就是将气象卫星遥感器接收到的辐射率换算为相对应的温度(张培昌等,1995 年)。

4. 地物比辐射率

地物比辐射率即发射率。在任何温度下，对各种波长的电磁辐射能的吸收系数恒等于1的物体称为黑体。对于吸收率小于1，且吸收率与波长无关的物体，称之为灰体。吸收率小于1，但是会随波长变化而变化的物体，称之为选择性辐射体。自然界黑体是不存在的，黑体只是理想状态下的一种物体。根据基尔霍夫定律，在一定温度下，任何物体的辐射出射度与其吸收率的比值是一个普适函数，与物体的性质无关，它等于该温度下黑体的辐射通量密度。发射率是在同温下，地物的辐射出射度(即地物单位面积发出的辐射总通量)与黑体的辐射出射度(即黑体单位面积发出的辐射总通量)的比值。发射率在地表温度研究中具有非常重要的意义(李永颐等,1995年)。不同地物的发射率不同,它不仅依赖于地表物体的组成成分,而且与物体的表面状态(表面粗糙度等)及物理性质(介电常数、含水率、温度等)有关,并会随着所测定的辐射能的波长、观测角度等条件的变化而变化。

5. 地表温度

地表温度指陆地表面的温度,是地表物质的热红外辐射的综合定量形式,是地表热量平衡的结果。它是由物质的热特性及几何结构共同决定的,同时,还受到微气象条件(风速、风向、空气温度、湿度)、生态环境(高度、坡度、坡向、植被种类、水分状况、叶面指数、叶角分布、株高等)、土壤物理参数(土壤水分、组分、结构、类型、表面粗糙度)等的影响。

10.2.3 地表温度反演的研究技术路线

选用覃志豪等根据地表热辐射传输方程推导出来的单窗算法反演研究区地表温度,如图10.1所示。该算法简单可行并且能保持较高精度,它的优点在于只需要3个参数:地表比辐射率、大气透射率和有效的大气平均作用温度。地表比辐射率直接与地表构成有关;大气透过率和大气平均作用温度可以根据近地面的水汽含量和平均气温来估计。在大多数情况下,各地方气象观测站均有对应于卫星过境时大气要素的相对实时观测数据。

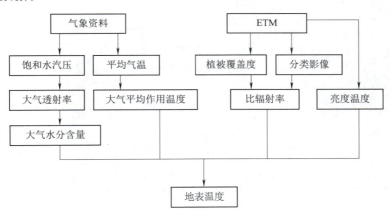

图 10.1 地表温度反演流程图

10.3 沃卡温泉的热红外遥感解译

1. 地质构造是温泉形成的重要因素

通过现有地质构造资料结合遥感解译初步提取出隐伏地质断层构造信息,为判译地热异常区的分布提供依据,因为地热资源的分布与断层的分布有很大相关性。断层带的存在有利于地下水的活动,所以经常可见到泉水沿断层带出露,尤其是呈线状分布的温泉,多反映近代活动性断层。温泉出露点的位置是近南北向增期乡断层与东西向沃卡韧性剪切带交汇形成的构造破碎带,断层构造的发育与组合对该温泉的形成和出露具有主导性控制作用。

2. 遥感地热解译与常规地热调查结果的比较

在桑日县沃卡乡共调查4个温泉露头,该地区温泉的出露位置基本在沃卡地堑东、西边界断裂与上述近东西向断裂交界处。研究区温泉出露处与热红外遥感解译地热异常区基本吻合。由于热红外遥感解译地热异常存在误差,图10.2中解译出的除温泉出露处的地热异常区可能存在,需要做进一步的调查研究。

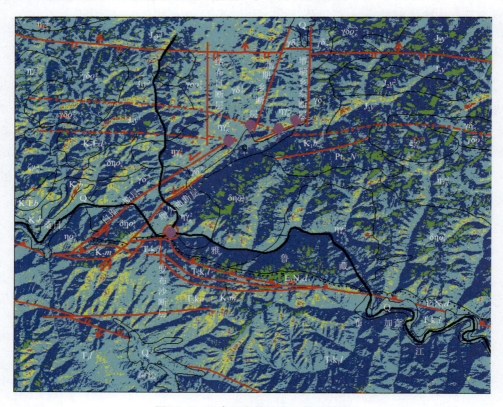

图10.2 沃卡温泉的热红外遥感解译

10.4 遥感解译的初步结论

(1)整个工作区绝大部分都处于低温区,只有少数地区为高温区。
(2)工作区高温带空间分布主体呈北北东向。
(3)在近东西向非活动断裂与近南北向活动断裂的相交处有地热异常显示,基本符合温泉的成因模式。

(4)沃卡韧性剪切带与增期乡断层交汇处有地热异常现象,这与实地调查情况相符合。

(5)尼洋河地带是一个高温地带,其总体展布与尼洋河流向一致,这应与尼洋河地表温度较高有关,局部展布呈北西向,可能与地温异常有关。

(6)据相关资料,羊八井地热位于拉萨市西北 90 km 的当雄县,方圆 7 000 km。温度保持在 47 ℃左右,与遥感解译图基本符合。

以上分析结论都是以亮度温度结合与图 10.3 对比得来。由于 ETM6 的空间分辨率为 60 m×60 m,也就是说图像上一个像元的实地面积是 3 600 m²。在这 3 600 m² 范围内的地表景观是十分复杂和多样的,可能有工厂、房子、道路、水体、农田、森林、裸地等,也就是说这是一个混合像元,温泉在这一范围内所占的面积应该是很小的甚至没有,而遥感器所记录的 DN 值是这些地表景观辐射值的综合,其中温泉的辐射值在综合辐射值中所占的比例也应该是很小的。

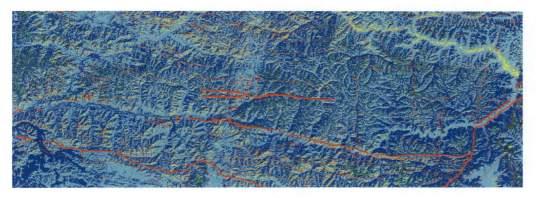

图 10.3　拉林铁路地热异常与区域构造关系

11 地热异常区对隧道工程影响

拉林铁路拟选南线方案在山南桑日可能穿越地热区域,涉及拉隆隧道和桑日隧道,本章根据前面对拉萨—林芝段温泉分布和地热成因,结合隧道工程特征,分析地热对隧道工程可能产生的影响。

11.1 拉隆隧道

拉隆隧道进口位于拉龙村,里程 A1K164+123;出口位于山南沃卡电厂以西,里程 A1K172+861。隧道全长 8 738 m,进口路肩高程 3 623.78 m,出口路肩高程 3 596.20 m,隧道最大埋深约 625 m。

11.1.1 地质概况

1. 地形地貌

隧址区地处西藏南部,雅鲁藏布江中游河谷区,地处雅鲁藏布江左岸,地势西高东低,多为高山宽谷区,地面高程为 3 600~4 200 m。区内地形起伏相对较小,相对高差约 600 m。

2. 地层岩性

拉隆隧道区域地层属于冈底斯—腾冲地层区的拉萨—沃卡分区,地层及岩性主要以第四系(Q)、白恶系(K)、二叠系(T)、侏罗系(J)、古近系(E)为主。隧道穿越 $\eta\gamma\beta K_2$ 这一个地层,岩性以黑云母二长花岗岩为主。第四系风沙沉积物覆盖于河谷阶地、河床和斜坡地段,隧址区岩浆岩、沉积岩、变质岩三大岩石均有出露,以沉积岩、岩浆岩相对发育,地层岩性较复杂。

3. 地质构造

拉林段处于雅鲁藏布江缝合带附近,属于冈底斯—腾冲微板块,褶皱因为岩浆岩的入侵而残缺不全,但是断裂相对较发育。隧道主体位于一块侵入岩岩体之上,地质构造相对较为简单。在隧道以南地区有近东西走向的断层出现,该断层属于雅鲁藏布江断裂带,整体沿雅鲁藏布江呈近东西走向。

11.1.2 拉隆隧道水文地质条件

1. 地下水类型及地层富水性

隧址区内基岩大面积出露;地下水主要为基岩裂隙水和第四系松散堆积层孔隙水

两种类型。基岩裂隙水为白垩系（K）花岗岩裂隙水，为中—弱透水层。

2. 地下水补径排特征

隧址区内地下水主要来自大气降水补给。隧址区内主要是透水性相对较差的基岩出露，第四系面积相对较小。因而大气降水大部分形成地表径流汇入地势较低的地区，少部分渗入或注入地下形成地下水。总之，除蒸发、土壤与植被吸收部分外，大部分降雨以地表径流排泄。由于基岩为相对弱透水、弱含水岩层，松散堆积层内的潜流水少部分渗入基岩风化裂隙，大部分在重力作用下向下径流，遇到相对隔水地层或地形变化，以接触下降泉或溢流泉的形式排泄。

3. 地下水化学类型

在拉隆隧道研究区内，共采集水样 12 件，其中沟水 5 件，江水 1 件，温泉 4 件，泉水 2 件。隧址区水化学类型多样，以 $HCO_3-Ca \cdot Na$ 型为主；其次为 $Cl \cdot SO_4-Na$，$HCO_3 \cdot SO_4-Na$ 水质呈弱碱性，矿化度为 48.96～366.61 mg/L。其中，4 件温泉水样中，位于 SR01 和沃卡 2 号的水样水化学类型相同，为 $Cl \cdot SO_4-Na$ 类型，而沃卡 2 号与沃卡 4 号水化学类型为 $HCO_3 \cdot SO_4-Na$ 型。4 组水样存在明显差异，反映出 4 个温泉点的水文地质条件可能不同以及处于不同水文地质单元的事实。地表沟水和泉水大多以 HCO_3-Ca 型为主。

11.1.3 隧道主要水文地质及环境问题的影响分析

隧道埋深较大，最大埋深约 625 m，属深埋隧道。隧道通过地层单一，为早白垩世侵入岩，岩性为黑云母二长花岗岩（$K_2\eta\beta$）。结合区域地形地貌和地层岩性，可判断隧道区地下水比较贫乏，无大型蓄水构造。总体来说，该隧道区水文地质条件简单，遇到隧道突水、突泥的可能性不大，危险性较小。拉隆隧道水文地质如图 11.1 所示，剖面如图 11.2 所示。

1. 拉隆隧道地温预测

拉隆隧道为深埋隧道，最大埋深约 625 m。由于隧址区处于地温"正常增温区"，利用"正常增温区"地温预测经验公式，对该隧道的地温进行预测，见式（11.1）。

$$T_D = T_H + \frac{H_1 - H_2}{G} \tag{11.1}$$

式中 T_D——隧道路肩面温度（℃）；

T_H——恒温带温度（℃）；

G——地温梯度（℃/100 m）；

H_1——地面距隧道路肩面深度（m）；

H_2——恒温带深度（m）。

计算公式中参数的选取，恒温带的温度取年平均温度加 2 ℃，据当地气象资料，山南地区年平均气温为8 ℃,因此,隧址恒温带温度T_H为10 ℃。根据有关统计资料,全球平均正常地温梯度为3 ℃/100 m。据一般经验,恒温层距地表的深度H_2此处取30 m。经计算可知,隧道全区温度小于28 ℃,属于无热害地区。

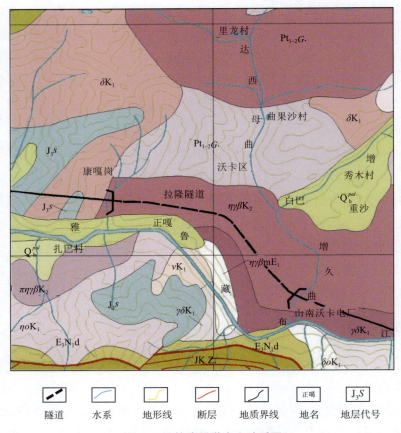

图11.1 拉隆隧道水文地质图

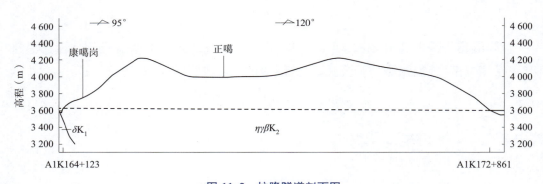

图11.2 拉隆隧道剖面图

2. 隧道涌水量计算

根据《铁路工程水文地质勘察规程》(TB 10049—2004)的规定,结合隧道的勘察现状及水文地质条件,现选用地下水径流模数法预测涌水量,见式(11.2)。

$$Q_s = 86.4MA \qquad (11.2)$$

式中　Q_s——预测隧道正常涌水量(m^3/d);

　　　86.4——换算系数;

　　　M——地下径流模数[$L/(s·km^2)$];

　　　A——隧道通过含水体地段的集水面积(km^2)。

拉隆隧道通过地层单一,为花岗岩,由基流分割法求得该岩层的径流模数为 2.74 L/(s·km²),通过计算得出该隧道的正常涌水量为 12 411.60 m³/d,雨季最大涌水量为 12 411.60×1.5≈18 617.40 m³/d。

11.2　桑日隧道

桑日隧道进口位于巴比村,里程 A1K156+771;出口位于拉龙村以西,里程 A1K163+739。隧道全长 6 968 m,进口路肩高程 3 559.68 m,出口路肩高程 3 622.59 m,隧道最大埋深约 800 m。

11.2.1　地质概况

1. 地形地貌

隧址区地处西藏南部,雅鲁藏布江中游河谷区,地处雅鲁藏布江左岸,地势西低东高,地面高程为 3 600~4 400 m。区内地形起伏相对较小,相对高差约 800 m。

2. 地层岩性

桑日隧道区域地层属于冈底斯—腾冲地层区拉萨—沃卡分区,地层及岩性主要以第四系(Q)、白恶系(K)、侏罗系(J)、古近系(E)为主。隧道穿越 J_3S 和 δK_1 这两个地层,岩性以安山岩、英安岩、凝灰岩、灰岩和闪长岩为主。第四系风沙沉积物覆盖于河谷阶地、河床和斜坡地段,隧址区岩浆岩、沉积岩、变质岩三大岩石均有出露,以沉积岩、岩浆岩相对发育,地层岩性较复杂。

3. 地质构造

林拉线处于雅鲁藏布江缝合带附近,属于冈底斯—腾冲微板块,褶皱因为岩浆岩的入侵而残缺不全,但是断裂相对较发育。隧道主体所通过地层中,侏罗系地层呈现北西走向,在隧道后段有侵入岩出现,破坏了侏罗系地层的整体性。隧道所经过区域整体地质构造较复杂,在隧道以南地区有近东西走向的断层出现,该断层属于雅鲁藏布江断裂带,整体沿雅鲁藏布江呈近东西走向。南北向发育增久曲断层以及白堆断层。

1)增久曲断层

该断层为一平移断层,断层产状为 N25°~30°W/NE56°~80°,长度为 30 km,宽度为 1~10 m,断面波状起伏,带中岩石破碎,强弱分带,发育平行断层面的破劈理、构造透镜体,擦痕示上盘上升,并叠加水平剪切,断面旁侧发育褶皱。

2) 白堆断层

该断层为一平移断层,断层产状为 N40°~60°E/NW70°~74°,长度大于 19.5 km,宽度为 40 m,断面波状起伏,带中岩石破碎,强弱分带,发育平行断层面构造透镜体,构造角砾岩,擦痕示上盘上冲。

11.2.2 桑日隧道水文地质条件

1. 地下水类型及地层富水性

隧址区内基岩大面积出露,地下水主要为基岩裂隙水和第四系松散堆积层孔隙水两种类型,基岩裂隙水为侏罗系(J)碳酸盐岩裂隙水和白垩系(K)闪长岩裂隙水。其中,侏罗系(J)碳酸岩含水层透水性较强,为强透水层。白垩系(K)闪长岩与碳酸岩相比,透水性较差,为弱透水层。桑日隧道水文地质如图 11.3 所示。

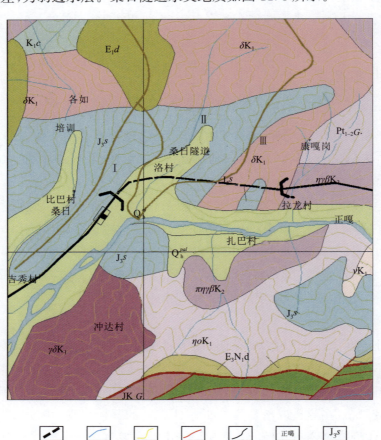

图 11.3 桑日隧道水文地质图

1) 基岩裂隙水

分布于隧址区东北侧,主要赋存于白垩系上统侵入岩基岩裂隙中,岩性主要为闪长岩,属于弱富水岩组。

2) 松散岩类孔隙水

赋存于第四系坡洪积碎石、角砾、黏土层内。其中,坡洪积黏土厚度不大,范围为 0~30 m。

3) 碳酸盐岩类岩溶水

侏罗系上统 J_3S 地层发现井泉出露,岩溶水发育。区内灰岩、白云岩等碳酸岩类溶蚀现象较少,测区岩溶发育相对较弱。

2. 地下水补径排特征

地下水的补径排条件受地形地貌、地层岩性及其分布、地质构造发育特征等一系列因素的影响。隧址区内地下水主要来自大气降雨补给,隧址区大气降雨部分渗入第四系松散堆积层,形成潜水,斜坡地带大气降雨约大部分形成地表径流汇入河谷、冲沟,少部分渗入或注入地下形成地下水。由于基岩为碳酸盐岩含水岩层,松散堆积层内的潜流水少部分渗入基岩风化裂隙,大部分在重力作用下向下径流,遇到相对隔水地层或地形变化,以接触下降泉或溢流泉的形式排泄。区内第四系面积相对较大,并有较大面积的碳酸岩地层出露,第四系和碳酸岩地层占了大约整个隧址区面积的二分之一,因而大气降水大部分会渗入或注入地下,形成岩溶水。在白垩系(K)闪长岩地区,大气降水难以补给地下水,主要以地表径流的方式排泄。全区内降水,除蒸发、土壤与植被吸收部分外,其余大部分会渗入或注入地下补给地下水,少部分以地表径流的方式排泄。

3. 地下水化学类型

区内温泉水化学类型简单,以 $SO_4 \cdot Cl \cdot HCO_3$—Na、$HCO_3$—Ca·Na 和 $Cl \cdot HCO_3$—Na 型为主,矿化度小于 1 g/L。其中罗布莎处温泉矿化度明显高于其他两处,在对温泉中阴离子含量及矿化度的对比分析可以看到,罗布莎处温泉中主要阳离子 Na^+ 含量高达 2 550 mg/L,K^+ 离子含量为 610 mg/L;主要阴离子为 HCO_3^- 和 Cl^-,含量分别为 1 035 mg/L 和 4 212 mg/L。说明温泉主要的水文地球化学作用为钾、钠长石的不完全溶解,该泉 Na^+、K^+ 离子含量比一般温泉高,且 CL^- 离子含量为 4 212 mg/L;分析原因可能来自深部具有封闭环境中地下水,停留时间较长,水交替循环作用缓慢,具有较高矿化度,矿化度为 8 998 mg/L。

11.2.3 隧道涌突水预测分析

1. 分段分析

受岩性组合特征、构造特征、地表环境特征、地下水水化学特征、隧道与地下水位的关系等作用的影响,受控因素呈现明显的不均一性。隧道涌突水在空间结构上差异显著,隧道穿越区无大构造,依据岩性特征现将桑日隧道分段进行涌突水危险性分析,桑日隧道剖面如图 11.4 所示。

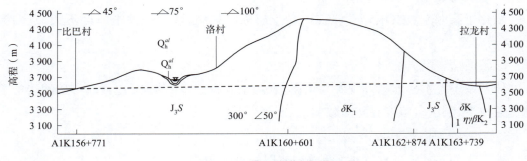

图 11.4　桑日隧道剖面图

1) 隧道灰岩大理岩段(A1K156＋771～A1K160＋601 段和 A1K162＋874～A1K163＋445 段)

测区内该段为侏罗系上统凝灰岩、灰岩、大理岩岩层,岩溶发育。节理裂隙发育密度较大,地下水循环条件好,沿裂隙、层面多发育岩溶化裂隙、微型洞穴和溶蚀孔洞,岩溶的发育构成了隧道工程施工中的涌突水威胁。尤其隧道开挖到 A1K158＋548 时,该段为负地形,且沟系发育,隧道埋深较浅,遇涌突水危险性较高,还应注意隧道在穿越不同岩性组合段(A1K162＋874 段为可溶岩与非可溶岩接触处)和岩溶地下水的垂直径流带时,发生涌突水的危险性较高,在施工中应重点预防。

2) 隧道侵入岩岩段(A1K160＋601～A1K162＋874 段和 A1K163＋445～A1K163＋690 段)

隧道在该段属非可溶岩体,隧道埋深较深,完整性好,节理裂隙发育程度有限,富水性弱,地下水活动性差,对隧道的涌突水威胁较小。

2. 涌水量计算

按式(11.2)计算桑日隧道涌水量,结果见表 11.1。

表 11.1　桑日隧道地下径流模数法涌水量计算

里程	地层	岩性	面积 (km^2)	径流模数 [$L/(s \cdot km^2)$]	涌水量 (m^3/d)	合计 (m^3/d)
A1K156＋771～A1K160＋601	J_3S	安山岩、英安岩、凝灰岩、灰岩、大理岩	11.46	5	3 257.80	7 508.68
A1K160＋601～A1K162＋874	δK_1	闪长岩	6.87	2.74	487.61	
A1K162＋874～A1K163＋445	J_3S	安山岩、英安岩、凝灰岩、灰岩、大理岩	1.752	5	873.33	
A1K163＋445～A1K163＋690	δK_1	闪长岩	0.738	2.74	3 634.94	

桑日隧道通过地层主要为闪长岩和碳酸岩,由基流分割法求得闪长岩岩层的径流模数为 2.74 L/(s·km^2),碳酸岩岩层的径流模数为 5 L/(s·km^2),通过计算得出该隧道的正常涌水量为 7 508.68 m^3/d,雨季最大涌水量为 7 864.19×1.5≈11 263.01(m^3/d)。

12 拉萨—林芝段对地下水有影响的隧道分析

研究区全线超 400 km,隧道共计 47 个,隧道总长超 230 km。铁路工程主要铺设在雅鲁藏布江河谷地带,其穿越地层众多,岩性复杂;青藏高原地质活动尤其是新构造运动频繁,断裂和褶皱纵横交错,各种类型地下水相互影响,使隧道穿越区的水文地质条件复杂。在隧道施工中,除地热灾害外,还存在其他水文地质与环境地质问题。

12.1 里龙隧道

12.1.1 里龙隧道地质条件

1. 隧道概况

里龙隧道进口位于才巴以东,里程 A1K347+279;出口位于堆东以西,里程 A1K352+789。隧道全长 5 510 m,进口路肩高程为 3 003.56 m,出口路肩高程为 2 984.88 m,隧道最大埋深约 800 m。

2. 地形地貌

隧址区地处西藏南部,雅鲁藏布江中游河谷区,地势西高东低,多为高山宽谷区,地面高程 3 000 m 左右。两岸山峰最高达 4 400 m 以上。受地质构造、地层岩性的影响,中游河段河谷总体上呈宽窄相间的串珠状地貌,宽谷段河谷开阔呈"U"形,一般宽度为 2~4 km,水流平缓,河道分叉呈辫状,发育江心滩和浅滩,谷底两岸及斜坡上常见风积沙丘分布,两岸漫滩阶地发育,两岸谷坡亦较陡峭。峡谷段出露岩性多为花岗岩、闪长岩等坚硬岩石,沿江断裂构造不发育。

3. 地层岩性

里龙隧道区域地层河段左岸主要为冈底斯—腾冲地层区的念青唐古拉岩群的片麻岩、角闪岩、石英岩等,地层及岩性主要以第四系(Q)、白垩系(K)、二叠系(T)为主。隧道穿越 $K_1\gamma\delta$ 和 $K_1\delta$ 两个地层,岩性以英云闪长岩和闪长岩为主,如图 8-1 所示。第四系覆盖层成因类型复杂,岩性、岩相及厚度变化大,主要有冰川(水)堆积、河流冲积、崩坡积、滑坡堆积、泥石流、坡洪积、湖积、风积等,主要分布于河床及两岸、斜坡、坡脚、冲沟地带。宽谷段和窄谷段河床覆盖层深厚,据钻孔及物探测试成果一般为 70~150 m,局部大于 205.31 m。峡谷段相对厚度较薄,一般为 30~50 m。隧址区岩浆岩、沉积岩、变质岩三大岩石均有出露，以变质岩、岩浆岩相对发育。未变质的沉积岩相对较少，地层岩性复杂。

4. 地质构造

隧道属于冈底斯山、念青唐古拉山与喜马拉雅山之间的茂南谷底，处于印度洋板块与欧亚板块碰撞缝合带附近，新构造活动强烈。雅鲁藏布江中游地区断裂构造发育，断裂构造格架以近东西向为主，其次为近南北向、北北东—北东向和北西向；其构造属性、规模、活动时代、活动强度等具有明显的差异。近东西向断裂规模较大，具深大断裂性质，多为逆冲、走滑断层，最新活动时代多在第四纪早、中期。近南北断裂单条规模一般不大，常集中成带分布，构成近南北向或北北东向的剪切、拉张断裂构造带，分布具有等间距特点，其间距为 150～200 km，在雅鲁藏布江中段集中且规模大，向东、西两侧规模渐小，多形成于第四纪初期，晚第四纪以来活动明显。其中，隧道穿越盈则—积拉地层，产状为 SN/W ∠45°～70°，为一正断层，断面波状起伏，带中岩石破碎强烈分带，发育平行断层面的破劈理、构造透镜体和擦痕等，并叠加水平剪切，断面旁侧发育揉皱，为一导水断层。

12.1.2 里龙隧道水文地质条件

1. 含水岩组及补径排条件

隧址区内基岩大面积出露，地下水主要为基岩裂隙水和第四系松散堆积层孔隙水两种类型。基岩裂隙水为白恶系（K）闪长岩裂隙水，为中—弱透水层。地下水的补径排条件受地形地貌、地层岩性及其分布、地质构造发育特征等一系列因素的影响。隧址区地下水不均一赋存于裂隙岩体内，含水不丰总体由北东侧分水岭往南雅鲁藏布江和西侧支沟排泄。地下水主要补给来源于大气降水和高山冰雪融水，随季节变化明显。隧址区大部分大气降水和冰水融水汇入地表沟谷，形成地表径流；部分降水沿裂隙渗入地下形成基岩（岩浆岩）裂隙水，在沟谷谷坡等低洼地带以泉的形式出露，或直接向冲沟、河流最低侵蚀基准面排泄。里龙隧道水文地质如图 12.1 所示。

2. 地下水化学类型

在里龙隧道研究区内，采集水样 2 件。隧址区水化学类型简单，以 HCO_3—Ca 和 $SO_4 \cdot HCO_3$—Mg·Ca 型为主，水质呈中性。

12.1.3 里龙隧道主要水文地质问题分析

里龙隧道区域水文地质条件简单，穿越地层以富水性弱的闪长岩地层为主，地下水主要为风化裂隙和构造裂隙水。以下对隧道要注意的环境水文地质问题进行分析。

1. 盈则—积拉断裂对隧道地下水影响

断层位于 A1K348+373，与铁路斜交，断裂构造发育，岩层较破碎，强弱分带，导水性好,为地下水提供了良好的储存空间和渗流通道。由于集水和汇水作用,在隧道和平洞影响范围内,地下水首先进入平洞和隧道中,并以其中心构成新的汇势,结果会使地下水运动方向发生改变。里龙隧道为深埋隧道,强降水会导致地下水位上升引起地下水渗流场急剧变化,自身静水压力比较大,加上地下水流速加快带来的动水压力,增加突水风险。

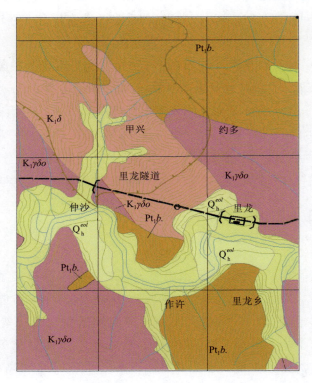

图 12.1 里龙隧道水文地质平面图

里龙隧道顶部有居民 50 户,居民生产和生活用水均来自隧址区出露泉水。当地居民以小麦、玉米等农作物为主。隧道开挖将可能造成一定范围内的地下水位下降,加大表层地下水与深成地下水之间的联系,甚至有可能改变地下水的径流方向;隧道开挖可使地下水以明流的形式从隧道流走,袭夺出露泉点的部分补给源,或地表取水井水位下降,甚至水井干涸;隧道排水可引起上覆松散土层内有效应力的改变和动水压力增加,可能引起地面沉降等情况,都会给当地居民生活、生产用水带来一定的影响。

2. 热害预测和评估

里龙隧道为深埋隧道,最大埋深约 800 m。由于隧址区处于地温"正常增温区",利用"正常增温区"地温预测经验公式,对该隧道的地温进行预测,计算采用式。计算公式中参数的选取,恒温带的温度取年平均温度加 2 ℃,据当地气象资料,里龙地区年平均气温为 9℃，因此，隧址恒温带温度 T_0 为 11℃。根据有关统计资料，全球平均正常地温梯度为 3℃/100 m。据一般经验，恒温层距地表的深度 H_0 此处取 30 m。里龙隧道温度预测、热害评估及降温措施见表 12.1。

表 12.1　里龙隧道温度预测、热害评估及降温措施

序号	温度（℃）	里　　程	长度（m）	热害评估	降温措施	比例
1	≤28	A1K347+279～A1K349+249 A1K351+060～A1K352+279	3 698	无热害	无需处理	67%
2	28～35	A1K349+279～A1K351+060	1 810	热害轻微	非制冷（加强通风）	33%

计算表明，里龙隧道地处"正常增温区"，按经验公式计算预测隧道岩温，其中大段属于无热害区域，只有小段最高为 35℃，属于轻微热害，只要在施工中注意通风，预计隧道施工中发生热害的可能性不大。

3. 隧道涌水量计算

隧道穿越地层单一，为白恶系（K）闪长岩为主，水文地质条件简单，根据按径流模数法计算，地下径流模数取 2.73 L/(s·km²)，隧道正常涌水量约 327.6 L/s。雨季最大涌水量为 327.6×1.5≈491.4(L/s)。

里龙隧道埋深较大，最大达 800 m，属深埋隧道，剖面如图 12.2 所示。结合区域地形地貌和地层岩性，可判断隧道区地下水比较贫乏，无大的蓄水构造。总体来说，该隧道区水文地质条件简单，遇到隧道突水、突泥的可能性不大，危险性较小。

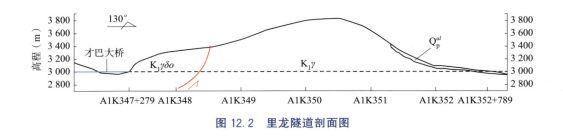

图 12.2　里龙隧道剖面图

12.2　王日阿隧道

12.2.1　王日阿隧道地质条件

1. 隧道概况

王日阿隧道位于西藏自治区朗县，于戈屋以东为进口，里程 A1K279+308，进口路

肩高程为 3 108.4 m；出口位于结顶拉以南，里程 A1K294+889，出口路肩高程为 3 068.17 m。全长 15 581 m，隧道区段内最大埋深约 1 121 m。王日阿隧道遥感图如图 12.3 所示。

图 12.3　王日阿隧道遥感地质图

2. 地形地貌

王日阿隧道位于雅鲁藏布江中游河谷区，属西藏南部山原湖盆谷地地区，海拔为 3 000～4 300 m，区内山脉纵横，沟壑相连，地表起伏较大，呈花岗岩奇特地质地貌景观，相对高差约 500 m。

3. 地层岩性

王日阿隧道位于朗县—林芝地层小区，通过地层主要为冈底斯构造—岩浆岩侵入岩早白垩世绿泥石化花岗闪长岩($K_1\gamma\delta$)地层及第四纪(Q)。

4. 地质构造

王日阿隧道位于雅鲁藏布江缝合带，隧址经过地区构造不发育。隧道场区以北发育巴拉劣果—列木切断层，该断层为正断层，产状为 SN/W∠65°～70°，长 48 km，宽度为 5～15 m，断层面舒缓波状，带内岩石破碎，强弱分带，发育平行断层面构造透镜体、构造角砾岩。

12.2.2　王日阿隧道水文地质条件

1. 地下水类型及含水岩组

隧道经过地区地下水为松散岩类孔隙水和基岩风化裂隙水。第四系孔隙水主要赋存于冲、洪积砂层及残积层中。基岩风化裂隙水主要赋存于第三系强风化、中风化粉砂岩中的风化裂隙中，含水层无明确界限，埋深和厚度都不稳定，其透水性主要取决于裂隙发育程度、岩石风化程度和含泥量，一般透水性弱，含水贫乏。

根据出露的地层岩性的含水特征、岩层渗透性的差异，含水介质可划分为中—弱含水岩组、相对隔水岩组两种类型。该隧道地下水系相对含水岩组为第四系松散堆积层,基岩为相对隔水层。

2. 地下水补径排特征

地下水的补径排条件受地形地貌、地层岩性及其分布、地质构造发育特征等一系列因素的影响。隧址区内地下水主要来自大气降雨补给,大气降雨部分渗入第四系松散堆积层,形成潜水;斜坡地带大气降雨约大部分形成地表径流汇入河谷、冲沟,少部分渗入或注入地下形成地下水。由于基岩为弱透水弱含水岩层,松散堆积层内的潜流水少部分渗入基岩风化裂隙,大部分在重力作用下向下径流,遇到相对隔水地层或地形变化,以接触下降泉或溢流泉的形式排泄。

12.2.3 王日阿隧道主要水文地质及环境问题分析

隧道沿雅鲁藏布江流域延伸,通过地层单一,为冈底斯构造—岩浆岩侵入岩早白垩世绿泥石化花岗闪长岩（$K_1\gamma\delta$）。

1. 隧道水文地质问题

隧道埋深较大,最大达1 121 m,属深埋隧道。结合区域地形地貌和地层岩性,可判断隧道区地下水比较贫乏,无大的蓄水构造。总体来说,该隧道区水文地质条件简单,遇到隧道突水、突泥的可能性不大,危险性较小。王日阿隧道水文地质如图12.4所示,剖面如图12.5所示。

2. 隧道对地下水环境影响简析

隧址区分布有耕地、果园和林地等。隧道靠近多个村庄,村中居民饮用泉水;其水源补给主要来源于大气降水、冰川融水及山间裂隙水。隧道开挖后可能引起地下水循环系统的破坏,最主要的是地下水资源的流失,地下水与地表水径流发生相应的改变,可能造成隧址区泉出水量减少甚至消失;地表取水井水位下降,水井干涸等情况;隧道排水引起的上覆松散土层内有效应力的改变和动水压力增加,可能引起地面沉降等情况,给当地居民生活、生产用水带来一定的影响。

3. 王日阿隧道地温预测

王日阿隧道为深埋隧道,最大埋深约1 121 m。由于隧址区处于地温"正常增温区",利用"正常增温区"地温预测经验公式(11.1),对该隧道的地温进行预测。

计算公式中参数的选取,恒温带的温度取年平均温度加2 ℃,据当地气象资料,王日阿地区年平均气温为8.5 ℃,因此,隧址恒温带温度为10.5 ℃。根据有关统计资料,全球平均正常地温梯度为3 ℃/100 m。据一般经验,恒温层据地表的深度此处取30 m。王日阿隧道温度预测、热害评估及降温措施见表12.2。

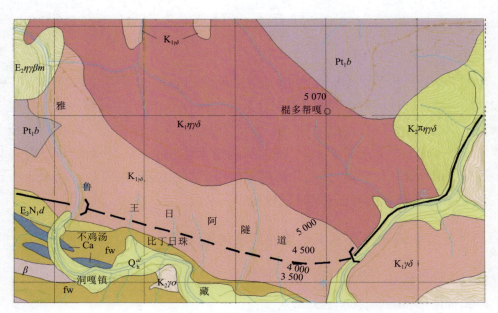

图 12.4　王日阿隧道水文地质图(单位:m)

表 12.2　王日阿隧道温度预测、热害评估及降温措施

序号	温度 (℃)	里　　程	长度 (m)	热害评估	降温措施	比例
1	≤28	A1K279+308～A1K279+900 A1K288+337～A1K289+500 A1K293+550～A1K294+889	3 083	无热害	无需处理	19.8%
2	28～37	A1K279+900～A1K287+270 A1K290+307～A1K291+363 A1K293+48～A1K293+550	8 949	热害轻微	非制冷 (加强通风)	57.4%
3	37～50	A1K287+270～A1K288+337 A1K289+500～A1K290+307 A1K291+363～A1K293+48	3 549	热害中等	人工强制冷	22.8%

根据计算结果分析,整个隧道工程有80%的路段都具有热害。其中,60%为轻微热害,只需要加强通风设施;20%为中等热害,需要人工强制冷措施。

4. 隧道涌水量计算

王日阿隧道通过地层单一,为花岗闪长岩,由基流分割法求得该岩层的径流模数为 $2.74\ L/(s\cdot km^2)$,通过计算得出该隧道的正常涌水量为 11 065.75 m^3/d,雨季最大涌水量为 $11\ 065.75\times 1.5\approx 16\ 598.6(m^3/d)$。

图 12.5 王日阿隧道剖面

12.3　布当拉隧道主要水文地质问题

12.3.1　布当拉隧道地质条件

1. 隧道概况

布当拉隧道为曲松方案中的一个主要越岭隧道,曲松方案是由桑日到加查断的一个方案,它由桑日地区向东南方向前进,然后翻越布当拉山,最后转向西北方向到达加查。布当拉隧道进口位于下江乡,出口位于拉绥村以西,隧道全长23 km,最大埋深约1 400 m。

2. 地形地貌

布当拉隧道位于西藏南部,穿越布当拉山地区,布当拉山海拔约5 100 m。布当拉山为四哪玛曲和晒嘎绒曲的分水岭,山口高程约4 900 m。隧道地区海拔为3 500～5 100 m,区内地形起伏较大,呈群山起伏的山原景观,相对高差约1 600 m。

3. 地层岩性

布当拉隧道区域地层属于雅鲁藏布江地层区拉孜—曲松分区,地层及岩性主要以第四系(Q)、三叠系(T)为主。隧道穿越T_3s这一个地层,岩性以石英砂岩、板岩和粉砂岩为主。第四系风沙沉积物覆盖于隧道进口的河谷阶地、河床和斜坡地段。隧道地区主要出露沉积岩和变质岩,地形相对较简单。

4. 地质构造

布当拉隧道整体位于三叠系地层之上,由于没有岩浆岩的侵入,因而岩层走向较为完整,整体呈现南西向。隧道通过两条北西走向的逆断层,断层的产生是由于雅鲁藏布江断裂带在挤压变形期间产生的伴生断裂。

12.3.2　布当拉隧道水文地质条件

1. 地下水类型及地层富水性

址区内基岩大面积出露,地下水主要为基岩裂隙水和第四系松散堆积层孔隙水两种类型。基岩裂隙水为三叠系(T)砂岩、板岩裂隙水。三叠系(T)砂岩、板岩裂隙水为中—弱透水层。

2. 地下水补径排特征

隧址区内地下水主要来自大气降雨补给。其中,山顶台原区和斜坡地带主要是基岩出露,降水只有少部分会渗入或注入地下水,大部分会形成地表径流,以地表径流的方式进行排泄。

由于基岩为中—弱透水含水岩层,松散堆积层内的潜流水少部分渗入基岩风化裂隙,大部分在重力作用下向下径流,遇到相对隔水地层或地形变化,以接触下降泉或溢流泉的形式排泄。

12.3.3 布当拉隧道主要水文地质问题分析

隧道穿越布当拉山,通过地层单一,为雅鲁藏布江地层区石英砂岩、粉砂岩和板岩(T_3s)。

1. 隧道水文地质问题

隧道埋深较大,最大达 1 400 m,属深埋隧道。结合区域地形地貌和地层岩性,可判断隧道区地下水相对较贫乏,虽然隧道经过两条断层,但是发生隧道突水、突泥的可能性相对不大,危险性较小。布当拉隧道水文地质如图 12.6 所示,剖面如图 12.7 所示。

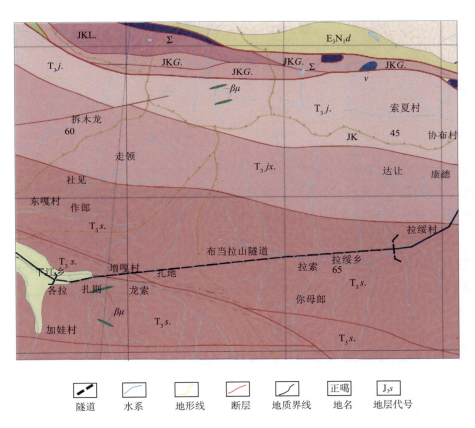

图 12.6 布当拉隧道水文地质图(单位:m)

2. 布当拉隧道地温预测

由于隧址区处于地温"正常增温区",利用公式(11.1),对该隧道的地温进行预测。计算公式中参数的选取,恒温带的温度取年平均温度加 2 ℃,据当地气象资料,布当拉地区年平均气温为8.7℃,因此,隧址恒温带温度为10.7℃。根据有关统计资料,全球平均正常地温梯度为3℃/100 m。据一般经验,恒温层据地表的深度此处取30 m。布当拉隧道温度预测、热害评估及降温措施见表12.3。

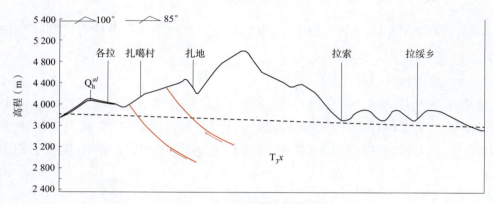

图12.7 布当拉隧道剖面图

表12.3 布当拉隧道温度预测、热害评估及降温措施

序号	温度(℃)	长度(m)	热害评估	降温措施	比例
1	≤28	16 072	无热害	无须处理	69.9%
2	28~37	4 280	热害轻微	非制冷(加强通风)	18.5%
3	37~50	2 680	热害中等	人工强制冷	11.6%

根据计算结果分析,整个隧道工程有30%的路段都具有热害。其中,18.5%为轻微热害,只需要加强通风设施;11.6%为中等热害,需要人工强制冷措施。

3. 隧道涌水量计算

布当拉隧道通过地层单一,为沉积岩和变质岩,由基流分割法求得该岩层的径流模数为$1\text{ L}/(\text{s}\cdot\text{km}^2)$,通过计算得出该隧道的正常涌水量为$5\,961.60\text{ m}^3/\text{d}$,雨季最大涌水量为$5\,961.60\times1.5\approx8\,942.40(\text{m}^3/\text{d})$。

12.4 吾相拉岗隧道主要水文地质问题

12.4.1 吾相拉岗隧道地质条件

1. 隧道概况

吾相拉岗隧道进口位于菜纳乡以南1 km,里程A1K328+290;出口位于贡嘎县以北3 km,里程A1K37+910。隧道全长9 620.00 m,进口路肩高程为3 606.36 m,出口路肩高程为3 580.86 m,隧道最大埋深约1 000 m。

2. 地形地貌

隧址区地处西藏高原,雅鲁藏布江中游河谷地带,地势西高东低下,区域属于高原高山河谷地貌,河谷深切,河谷宽阔,第四系堆积物厚度较小,且多发育在缓坡、沟谷地带。山坡陡峭,自然坡度为 30°～60°,植被极差。隧道位于拉萨河与雅鲁藏布江之间,区内最大海拔高程为 4 767 m,最低为 3 600 m。隧址区冬季干旱寒冷,多积雪冰冻,最大冻土深度为 28 cm。

3. 地层岩性

吾相拉岗隧道区出露的地层有第四系(Q)坡残积、冲洪积等,下伏基岩为白垩系(K)花岗闪长岩,侏罗系(J)多底沟组灰白色～灰色块状结晶灰岩,泥盆系(D)典中组灰绿、灰、灰紫色安山岩。右岸(江南)主要为雅鲁藏布江地层区朗杰学群的一套砂板岩、片岩,局部有蛇绿混杂岩,岩性复杂,岩体完整性差。隧道主要穿越 $\gamma\delta K_1$、J_3d、$\eta\gamma\beta K_2$ 三个地层,岩性以花岗闪长岩、灰白色～灰色块状结晶灰岩、黑云母二长花岗岩为主。隧址区岩浆岩、沉积岩、变质岩三大岩石均有出露,以岩浆岩、沉积岩相对发育,地层岩性复杂。

4. 地质构造

隧道位于冈底斯—念青唐古拉板片南段冈底斯火山岩—岩浆弧带上,南临雅鲁藏布江缝合带北缘。区域活动构造带主要有西部和亚东—羊八井—当雄活动构造带相距 80～100 km,东部和桑日—错那活动构造带相距 100 km,南临雅鲁藏布江活动断裂带。隧址区位于被活动断裂带(地震活动带)所包围的相对稳定的"安全岛"上,属于强地震带中的相对稳定区。但是,由于南侧雅鲁藏布江缝合带至今还在活动,使得隧址区岩体沿节理贯通面发生较轻微的扭动,节理得以拉张和延伸。

12.4.2 吾相拉岗隧道水文地质条件

1. 地下水类型及地层富水性

隧址区内基岩大面积出露,地下水类型主要为基岩裂隙水、第四系松散堆积层孔隙水和碳酸盐岩溶水三种类型,水文地质平面如图 12.8 所示。基岩裂隙水分为构造裂隙水和风化裂隙水。风化裂隙水一般赋存于基岩弱风化带中,其性质与第四系孔隙水相似,构造裂隙水赋存于节理密集发育带。碳酸盐岩地层出露面积不大,地下水按照地下水富水性等级划分属于中—弱。

2. 地下水补径排特征

地下水的补径排条件受地形地貌、地层岩性及其分布、地质构造发育特征等一系列因素的影响,隧址区地下水不均一赋存于裂隙岩体内,含水率总体由南北东向分水岭分别向南面雅鲁藏布江和西面拉萨河排泄。地下水主要补给来源于大气降水和高山冰雪融水,随季节变化明显。隧址区大部分大气降水和冰水融水汇入地表沟谷,形成地表径流；部分降水沿裂隙，渗入地下形成基岩（岩浆岩）裂隙水，在沟谷谷坡等低洼地带以泉的形式出露，或直接向冲沟、河流最低侵蚀基准面排泄。

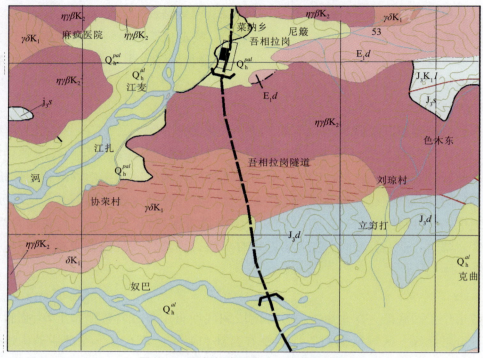

图 12.8　吾相拉岗隧道水文地质平面图

3. 地下水化学类型

在吾相拉岗隧道研究区内，共采集水样 6 件，其中沟水 2 件，河水 2 件，泉水 2 件。隧址区水化学类型简单，以 HCO_3—$Ca \cdot Na$ 型为主，水质呈弱碱性，见表 12.4。矿化度为 89.95～158.64 mg/L。

表 12.4　吾相拉岗地区水化学特征

编号	取样位置	取样高程(m)	pH值	阳离子含量(mg/L)				阴离子含量(mg/L)			矿化度(mg/L)	水化学类型
				K^+	Na^+	Ca^{2+}	Mg^{2+}	Cl^-	SO_4^{2-}	HCO_3^-		
1	白堆村	3 618	7.8	1.6	7.7	38	5.9	9.63	12.4	134	141.973	HCO_3—Ca
2	才纳乡村	3 607	8	1.3	7.5	45	5.3	9.31	10.9	159	158.635	HCO_3—Ca
3	拉萨河水	3 622	7.8	1	3.9	26	4.8	5.06	13.8	87.3	98.55	HCO_3—Ca
4	拉萨河水	3 598	7.6	1.3	4.6	27	6.6	4.74	10.9	105	107.14	HCO—$Mg \cdot Ca$
5	白色村	3 702	7.8	0.9	2.2	28	3.4	2.12	17.1	72.9	89.95	HCO_3—Ca
6	尼坡村	3 922	8.1	1.3	7.5	45	5.3	9.31	10.9	159	158.64	HCO_3—Ca

12.4.3 吾相拉岗隧道主要水文地质问题分析

吾相拉岗隧道区域简单,穿越地层以富水性弱的花岗闪长岩、花岗岩地层为主,地下水主要为风化裂隙和构造裂隙水。其最大埋深为 1 000 m,隧道施工中主要会引发的水文地质问题有高地温及隧道涌突水。

1. 热害预测和评估

吾相拉岗隧道为深埋隧道,最大埋深约 1 000 m。由于隧址区处于地温"正常增温区",对该隧道的地温进行预测。

计算公式中参数的选取,恒温带的温度取年平均温度加 2 ℃,据当地气象资料,贡嘎地区年平均气温为 8.5 ℃因此,隧址恒温带温度为 10.5 ℃。根据有关统计资料,全球平均正常地温梯度为 3 ℃/100 m。据一般经验,恒温层据地表的深度此处取 30 m。吾相拉岗隧道温度预测、热害评估及降温措施见表 12.5。

表 12.5 吾相拉岗隧道温度预测、热害评估及降温措施

序号	温度(℃)	里程	长度(m)	热害评估	降温措施	比例
1	≤28	A1K28+290~A1K31+280 A1K33+593~A1K37+910	7 324	无热害	无需处理	76%
2	28~35	A1K31+280~A1K33+593	2 296	热害轻微	非制冷(加强通风)	24%

吾相拉岗隧道地处"正常增温区",按经验公式计算预测隧道岩温其中大段属于无热害区域,小段属于轻微热害,只要在施工中注意通风,预计隧道施工中发生热害的可能性不大。

2. 隧道涌水量计算

隧道在 A1K34~A1K36 段为负地形,具有良好的汇水特性,且该段出露灰岩,透水性好,隧道埋深较浅,在该段发生涌水的可能性极大。根据《铁路工程水文地质勘察规程》(TB 10049—2004)的规定,结合隧道的勘察现状及水文地质条件,现选用地下水径流模数法水量,按公式(11.2)计算。

吾相拉岗主要穿越了白恶系(K)侏罗系(J)不同时期的地层,但由于地层间岩相相差不大,水文地质条件较为接近,可忽略地层分段,总体分为两个进行涌水计算,根据径流模数发计算,隧道正常涌水量约 9 195.12 m³/d,雨季最大涌水量为 9 195.12×1.5≈13 792(m³/d)。吾相拉岗隧道径流模数涌水量计算见表 12.6。

吾相拉岗龙隧道埋深较大,最大达 1 000 多米,属深埋隧道。结合区域地形地貌和地层岩性,可判断隧道在开挖过程中危险地段为 A1K34+920~A1K37+910,隧道纵剖面如图 12.9 所示。总体来说,该隧道区水文地质条件简单,无大的构造和断裂且穿越地层岩性为花岗岩、闪长岩,透水性弱,对隧道开挖有利,危险性较小。

表 12.6　吾相拉岗隧道径流模数涌水量计算

里程	地层	岩性	面积 (km²)	径流模数 [L/(s·km²)]	涌水量 (m³/d)	合计 (m³/d)
A1K28+290～A1K31+280	K_2	黑云母二长花岗岩	12.5	2.73	2 948.4	9 195.12
A1K31+280～A1K34+920	K_1	花岗闪长岩	10	2.73	2 358.72	
A1K34+920～A1K37+910	J_3d	灰白色结晶灰岩	9	5	3 888	

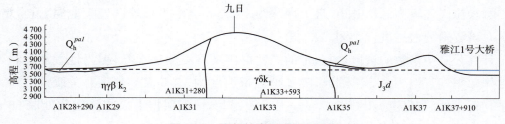

图 12.9　吾相拉岗隧道纵剖面图

根据吾相拉岗隧道线路穿越的地层岩性及地质构造,重点研究碳酸盐岩段带影响段,碳酸盐岩段(A1K34+920～A1K37+910 段)为高危险区,涌突水危险较大。碳酸盐岩段岩体破碎,隧道施工时应考虑突水突泥、支护、防侵蚀等问题。另外隧道最大埋深为 1 000 m,隧道施工中遇到的热害高,按经验公式计算预测隧道岩温其中大段属于无热害区域,小段属于轻微热害,只要在施工中注意通风,预计隧道施工中发生热害的可能性不大。

13 结论与建议

13.1 区域水文地质研究的主要认识

（1）拟建拉林铁路南线方案全长 400 余公里，共 47 个隧道，隧道总长为 230 km，占拟建铁路的 56%。拉林铁路从林芝出发，沿雅鲁藏布江河谷地带一路西进，海拔逐渐抬升，从林芝到朗县海拔高程小于 3 000 m，从朗县到拉萨的地段线路海拔高程高于 3 000 m，线路所经过的区域地形主要为沿雅鲁藏布江展布的河谷阶地、深切割高山。区域内主要水系为雅鲁藏布江、拉萨河和尼洋河。

（2）研究区涉及冈底斯—拉萨地块（冈底斯—念青唐古拉褶皱系）和喜马拉雅地块（喜马拉雅褶皱系）两个大地构造区，属歹字形构造体系的组成部分。雅鲁藏布江中游地区断裂构造发育，断裂构造格架以近东西向为主，其次为近南北向、北北东—北东向和北西向，其构造属性、规模、活动时代、活动强度等具有明显的差异。

（3）拉萨—林芝段地层涉及三个地层区，由北向南依次为：冈底斯—腾冲地层区、雅鲁藏布江地层区和喜马拉雅地层区。冈底斯—腾冲地层区进一步划分为比如—洛隆及拉萨—波密两个地层分区。研究区沉积岩、岩浆岩、变质岩三大岩类均有出露，其中以中生界、古生界三叠系及元古变质岩、火山岩分布最广，未变质的沉积岩相对较少。区内地层岩性以砂砾岩、砂板岩、沙泥岩、砂页岩片岩、变粒岩、片麻岩、麻岩、大理岩及酸性—中酸性和基性—中基性火山岩为主。侵入岩体从元古宙—喜马拉雅期均有出露，但以喜马拉雅期、燕山—印支期的岩体分布最广，岩性以花岗岩类、闪长岩类、斑岩类为主。沉积岩中三叠系、白垩系多以海相沉积为主，第三系以陆相碎屑岩—泥质岩为主。

（4）线路区域水文地质条件较为复杂，根据含水介质、地下水动力特征，地下水类型可划分为松散岩类孔隙水、碎屑岩类裂隙水、岩浆岩类基岩裂隙水、碳酸盐岩类裂隙岩溶水和地热水 5 种类型。地下水主要接受大气降水补给，地下水运动受地貌、岩性、构造控制，向区域侵蚀基准面或附近溪谷排泄。地下热水的活动受断裂控制。

（5）拉萨—林芝段区域上发育有侏罗系和白垩系碳酸盐岩地层，主要分布在拉萨和泽当地区，在朗县有小规模的大理石岩脉出露。桑日—贡嘎段及贡嘎—拉萨段，在桑日—贡嘎段主要出露岩组的岩性组合为非可溶岩与灰岩、大理岩互层。区内岩溶以残余的连座峰林、石林式石芽、孤峰及高原独特的石墙与石柱为主，少量溶洞、岩溶泉。

岩溶发育受气候、地层岩性、构造影响，总体不发育。

（6）收集山南地区四个流域的完整水文年特征值，利用基流分割方法，对流域各种补给类型比例进行反算，在该地下水补给占总量27%～47%，结合径流经历地层对区域含水岩组径流模数进行模拟计算得出：碎屑岩为 0.6 L/(s·km²)，变质岩 1.85 L/(s·km²)，岩浆岩为 2.74 L/(s·km²)。根据水文观测资料，用径流分割法求得径流模数对地层富水性进行评价，区内各类地层的地下水径流模数为 0.6～2.74 L/(s·km²)，各类含水岩组属含水性弱地层。

13.2　热水分布和成因

（1）西藏地区的地热活动十分强烈，主要分布在西藏南部即喜马拉雅构造带及冈底斯构造带中，水热活动与活动构造有关。通过调查，拉萨—林芝拟选区域内是地热活动相对较弱的区域，区域内温泉主要集中分布3个区域，有14个温泉露头。

①拉萨地区，有6处温泉出露，主要集中在达孜区与墨竹工卡，温泉温度为24～70 ℃，矿化度为 150～480 mg/L，pH 值为 6.65～8。

②山南地区桑日县，7处温泉出露，主要分布在沃卡—错那断裂带，温度为13～85 ℃，矿化度为 150～8 100 mg/L，无高矿化度水，pH 值为 5～8.05。

③工布江达县在尼洋河与雅鲁藏布江交汇处以西的林芝地区仅有一处温泉出露，该温泉名为吉普温泉。

（2）主要温泉水化学组成特征

①吉普温泉水化学类型为 $HCO_3·Cl—Na$，水中首要阳离子为 Na^+，毫克当量比值最大的阴离子为 HCO_3^-，水中 SiO_2 含量为 45 mg/L；利用 SiO_2 温标计算热储温度为 85 ℃，属于低温地热系统。

②沃卡热泉主要阴离子为 SO_4^{2-}，主要阳离子为 Na^+，矿化度为 249.3～366.6 mg/L，pH 值为 6.65～8，属于偏碱性水；根据地球化学温标的计算，沃卡温泉热储温度平均值为 97 ℃，为中温对流地热系统。

③沃卡微温泉水化学类型为 $HCO_3—Na·Ca$，水中首要阳离子为 Ca^{2+}，水中 SiO_2 含量仅为 19 mg/L，矿化度仅为 150 mg/L，此温泉可能未达到适用于地球化学温标的计算热储温度要求，但可推测为低温地热系统。

④竹墨沙温泉为该区域的特殊温泉，水化学类型为 $Cl·SO_4—Na$ 型，矿化度为全区温泉水中最高达 8 100 mg/L，水中首要阴离子为 Cl^-，该类型极有可能与火山或岩浆有关；利用地球化学温标对其热储温度进行计算，热储温度平均值为 240 ℃，属于高温对流地热系统。

⑤日多温泉水化学类型为 $HCO_3·SO_4·Cl—Na·Ca$ 型，矿化度平均值为 996.5～

1 004.9 mg/L，pH 值为 7.5，偏弱碱性水，SiO$_2$ 含量仅为 73 mg/L；利用地球化学温标对其热储温度进行计算，热储温度平均值为 117 ℃，属于中温对流地热系统。

(3)沃卡温泉成因。桑日沃卡温泉群位于桑日县沃卡乡，地理坐标范围为 29°22′57″~29°23′50″N，92°18′54″~92°19′28″E，高程为 3 904~3 926 m。有 4 个温泉露头，泉水出露于花岗岩裂隙，温度为 35~68.2 ℃，温泉流量为 1~10 L/s，合计 40 L/s。温泉受断裂控制，由大气降水与地表第四系潜水沿断裂破碎带深循环过程中，在正常地温梯度下吸收地球内热形成热水，地下水循环上升，加温在沃卡盆地边界断层处出露形成温泉。

(4)区内温泉的联系。日多温泉、沃卡温泉与西藏其他温泉相比，矿化度相对较低；从水化学常量组分来看，与西藏典型的高温地热系统及与岩浆有关的地热系统的离子组分不同；从微量组分来看，在西藏温泉温度指示具有典型特征 SiO$_2$ 含量均大大低于确认与岩浆有关的温泉。沃卡热泉、沃卡电站微温泉、罗布沙镇竹墨沙温泉及日多温泉在空间分布上基本呈南北向分布，但四者的水化学常量组分及微量组分都存在明显的差异，应分属于不同的成因类型。

(5)采集水样对热水的氢氧同位素组成进行研究，热水的同位素均落在西南降水曲线附近，揭示热水来源于大气降水补给，热水的同位素表现出明显的大陆效应与高程效应；温泉水明显的较地表水较贫乏，且无明显的 δ^{18}O 漂移，说明温泉的在地下停留时间较短。利用温泉氢氧同位素组成特征对温泉补给高程进行计算，两个温泉的补给高程约为 5 700 m。

(6)采用热红外遥感解译面积约 4 万 km^2，研究区大部分处于低温区，少数部分处于高温区，高温带空间分布主体呈现北北东向。现场调查在沃卡、日多和墨竹沙地区有热泉和温泉出露，通过 ERDAS 软件解译出的地温分布图在这些区域有地热异常显示，二者基本相符。

13.3 地热异常对线路选择和隧道的影响

(1)通过拉萨—林芝段温泉出露、分布、成因分析，对比区域温泉分布，认为拉萨—林芝段温泉发育在区域上总体较弱，温泉分布数量相对较少，温度相对较低。对比南线和北线方案，北线方案要穿越日多温泉带，温泉对隧道工程影响大。南线方案从桑日沃卡温泉群南侧通过，距离温泉出露带较远，地热对南线方案影响相对较小。

(2)南线方案桑日、拉隆隧道穿越沃卡盆地地热异常带，最大埋深为 625~800 m，属深埋隧道，穿越地层单一，为早白垩世侵入岩，岩性为黑云母二长花岗岩。结合区域地形地貌和地层岩性，隧道区地下水比较贫乏，无大型蓄水构造，隧道遇到隧道突水、突泥的可能性不大。隧道穿越沃卡盆地地热异常带南侧，附近无温泉出露，受极高温温泉和高地热带影响的可能性较小，但桑日隧道和拉隆隧道是南线方案可能受地热影响最大的两个隧道，应在施工阶段进一步深入研究，并采取措施防止温泉和高地温热害的影响。

（3）在里龙隧道和王日阿隧道穿越地区，有泉水出露，泉水为当地居民的水源地，隧道的开挖势必会在区域形成新的低势面，原出露地表水有可能会因为隧道施工而被疏干，引发环境地质问题。吾相拉岗隧道线路穿越的地层岩性及地质构造，重点研究碳酸盐岩段带影响段，碳酸盐岩段（A1K34+920～A1K37+910段）为高危险区，涌突水危险较大。碳酸盐岩段岩体破碎，隧道施工时应考虑突水突泥、支护、防侵蚀等问题。其他隧道的水文地质条件较简单，隧道涌突水为其主要的水文地质问题，隧道穿越区内除断裂带，基本无含水性强的岩组及富水性强的构造。

初步成果分析，拉林铁路南线雅鲁藏布江方案穿越区地层富水性总体较差，地热活动属西藏地热相对不发育地区，热泉出露相对较少，热泉及地热异常对隧道工程建设影响相对较小，隧道建设对地下水影响较小。

参 考 文 献

[1] 孙会肖,郎旭娟,男达瓦,等.西藏萨迦冲曲流域地下热水成因及工程效应分析[J].安全与环境工程,2021,28(3):147-155.

[2] 辛磊,刘新星,张斌.遥感影像地表温度反演与地热资源预测:以石家庄地区为例[J].地质力学学报,2021,27(1):40-51.

[3] 马鑫,付雷,李铁锋,等.喜马拉雅东构造结地区地热成因分析[J].现代地质,2021,35(1):209-219.

[4] 章旭,郝红兵,刘康林,等.西藏沃卡地堑地下热水水文地球化学特征及其形成机制[J].中国地质,2020,47(6):1702-1714.

[5] 赵留辉.川藏铁路昌都至林芝段对地下水环境的影响及对策[J].铁道建筑,2020,60(10):155-158.

[6] 黄勇.川藏铁路交通安全廊道综合勘察技术研究[J].铁道工程学报,2020,37(10):16-21.

[7] 廖昕,蒋翰,徐正宣,等.西藏东部阿旺地下热水化学特征及其成因初探[J].工程地质学报,2020,28(4):916-924.

[8] 王康.基于多源多时相热红外遥感技术的丹东地热资源探测方法研究[D].长春:吉林大学,2020.

[9] 王微.藏南-腾冲地热区富稀有金属热泉的地球化学和硅同位素示踪研究[D].武汉:中国地质大学,2020.

[10] 郭宁,刘昭,男达瓦,等.西藏昌都觉拥温泉水化学特征及热储温度估算[J].地质论评,2020,66(2):499-509.

[11] 薛翊国,孔凡猛,杨为民,等.川藏铁路沿线主要不良地质条件与工程地质问题[J].岩石力学与工程学报,2020,39(3):445-468.

[12] 刘德民,杨巍然,郭铁鹰.藏南地区新生代多阶段构造演化及其动力学的探讨[J].地学前缘,2020,27(1):194-203.

[13] 刘伟,郭永发,张旭,等.铁路大临线地下水热活动特征及其工程影响[J].工程勘察,2019,47(12):34-39.

[14] 王俊虎,武鼎,郭帮杰.基于热红外遥感数据的尕斯库勒盐湖温度异常信息提取及成因探讨[J].铀矿地质,2019,35(6):378-384.

[15] 杨本固,朱伟.沂沭断裂带五莲至莒县段地热异常区热储模型分析与研究[J].地质学报,2019,93(增刊1):192-196.

[16] 何柳.拉萨河流域水文地球化学特征及其风化指示[D].南昌:东华理工大学,2019.

[17] 许鹏,谭红兵,张燕飞,等.特提斯喜马拉雅带地热水化学特征与物源机制[J].中国地质,2018,45(6):1142-1154.

[18] 李明礼.西藏典型理疗地热矿泉的成因及功效研究[D].成都:成都理工大学,2018.

[19] 刘明亮.西藏典型高温水热系统中硼的地球化学研究[D].武汉:中国地质大学,2018.

[20] 朱晓青,郭兴伟,张训华,等. 青藏高原中-南部新生代构造演化的热年代学制约[J]. 地球科学, 2018,43(6):1903-1920.

[21] 邓鼎兴. 福州地区地热资源成生规律及潜在地热异常远景区分析[J]. 华东地质,2017,38(2): 132-137.

[22] 付燕刚,胡古月,唐菊兴,等. 西藏斯弄多低硫化型浅成低温热液 Ag-Pb-Zn 矿床:Si-H-O 同位素的示踪应用[J]. 地质学报,2017,91(4):836-848.

[23] 熊永柱,陈峰,黄少鹏. 基于遥感技术的腾冲地热异常区识别[J]. 成都理工大学学报(自然科学版), 2016,43(1):109-118.

[24] 周安荔. 地热隧道对拉日铁路选线的影响研究[J]. 铁道标准设计,2015,59(10):1-5,17.

[25] 王尊波,沈立成,梁作兵,等. 西藏搭格架地热区天然水的水化学组成与稳定碳同位素特征[J]. 中国岩溶,2015,34(3):201-208.

[26] 李明礼,多吉,王祝,等. 西藏日多温泉水化学特征及其物质来源[J]. 中国岩溶,2015,34(3): 209-216.

[27] 王祝,李明礼,邵蓓,等. 电感耦合等离子体发射光谱法测定西藏日多温泉地热水中11种主次量元素[J]. 岩矿测试,2015,34(3):302-307.

[28] 孙红丽,马峰,蔺文静,等. 西藏高温地热田地球化学特征及地热温标应用[J]. 地质科技情报,2015, 34(3):171-177.

[29] 孙红丽,马峰,刘昭,等. 西藏高温地热显示区氟分布及富集特征[J]. 中国环境科学,2015,35(1): 251-259.

[30] 吕苑苑,郑绵平,赵平,等. 滇藏地热带地热水硼同位素地球化学过程及其物源示踪[J]. 中国科学:地球科学,2014,44(9):1968-1979.

[31] 肖可,沈立成,王鹏. 藏南干旱区湖泊及地热水体氢氧同位素研究[J]. 环境科学,2014,35(8): 2952-2958.

[32] 彭芬,黄少鹏,时庆金,等. 卫星热红外遥感技术在火山区地热探测中的应用:以内蒙古锡林郭勒火山区为例[J]. 地质科学,2014,49(3):899-914.

[33] 刘昭. 西藏尼木—那曲地热带典型高温地热系统形成机理研究[D]. 北京:中国地质科学院,2014.

[34] 杨新亮. 拉日铁路吉沃希嘎隧道地热异常特征与防治措施分析[J]. 铁道标准设计,2014,58(7): 107-112.

[35] 刘昭,蔺文静,张萌,等. 西藏尼木—那曲地热流体成因及幔源流体贡献[J]. 地学前缘,2014,21(6): 356-371.

[36] 杜欣. 西藏念青唐古拉地区铅锌多金属矿成因类型与成矿规律研究[D]. 武汉:中国地质大学,2013.

[37] 周立. 西藏中部典型温泉特征[D]. 北京:中国地质大学,2012.

[38] 朱弟成,赵志丹,牛耀龄,等. 拉萨地体的起源和古生代构造演化[J]. 高校地质学报,2012,18(1): 1-15.

[39] 李金城. 拉日铁路地热隧道方案比选研究[J]. 铁道工程学报,2011,28(4):42-46.

[40] 王国灿,曹凯,张克信,等. 青藏高原新生代构造隆升阶段的时空格局[J]. 中国科学:地球科学, 2011,41(3):332-349.

[41] 张中言.西藏羊八井地区遥感数据地温反演与地热异常探[D].成都:成都理工大学,2010.

[42] 徐纪人,赵志新,石川有三.青藏高原中南部岩石圈扩张应力场与羊八井地热异常形成机制[J].地球物理学报,2005(4):861-869.

[43] 陈墨香,汪集旸.中国地热研究的回顾和展望[J].地球物理学报,1994,37(增刊1):320-338.